バルブの選定とトラブル対策

現場で起きた故障事例と対処法

小岩井 隆 [著]
Koiwai Takashi

日刊工業新聞社

はじめに

　われわれの身近な流体である、水・湯・蒸気・油・空気・ガスなど（「汎用流体」と呼ばれる）に主に利用されるバルブは、「汎用弁」などとも呼ばれ、プラントから製造装置まで各種の設備配管を問わず広く用いられています。
　流体を扱うところには必ず「配管」を伴いますが、配管技術の重要ポイントに配管を構成する「コンポーネンツ」があり、その筆頭が「バルブ」であるといえます。配管はパワープラントや石油・化学プラントから、身近な建築設備である給排水衛生の水栓などに至るきわめて多種多様な市場・分野で利用されており、いずれの用途・設備でも「バルブ」が設備配管のキーテクニックになっていることが多くあります。池井戸潤氏の小説『下町ロケット』（小学館）では、「バルブを制する者はロケットエンジンを制す」という言葉が登場します。
　したがって、配管におけるトラブルも制御をつかさどるバルブに集中していることは自明です。
　昨今、技術の伝承不足や技術者のスキル低下が問題視されていますが、配管を伴う設備もその例外ではなく、配管材料の設計・選定から、養生、施工・設置、試運転調整・運転・保守保全・廃棄に至るまでの流れの中で各種のトラブルが発生しています。最近の石油プラントや工場で立て続き起こっている事故や火災は、設備の老朽化もあるでしょうが、未然に防ぐテクニックの伝承が疎かになっている"人災"であるとも考えられます。
　配管設備では、たった1つのバルブの選定ミスやトラブルが重大事故・災害を引き起こす原因ともなりかねず、常日頃から金属やゴムの摩耗・劣化、固着、腐食、割れ・変形などによる配管・バルブのトラブル現象

を熟知・想定してトラブルを未然に防止する対策がきわめて重要となります。

　そこで本書では、一般の配管の技術書の中だけではなかなか理解しにくい「バルブの基礎」や「バルブの選び方」を学ぶとともに、配管・バルブの取り扱いに長年にわたって携わり、起こりがちなさまざまなトラブルの事例とその対応を行ってきた経験から、基本的な汎用バルブに関連して、水・蒸気・油・空気などの汎用流体を流す配管に起こりがちなトラブルとそのポイント・対策をわかりやすく解説します。

　また本書では、建築設備に広く用いられる「汎用弁（弁類とも呼ぶ）」を主体にそのトラブル事例とその対策を紹介するとともに、その耐用年数についても考察してみました。加えて第7章では、バルブを含む設備配管まで踏み込んだ「トラブルを未然に防ぐためのポイント（コツ）」も紹介していますので、適正な設備配管の設置、トラブルの未然防止、配管品質向上のヒントに役立てていただければ幸いです。

　著者は、バルブを技術的に解説する書籍として、2014年に「絵とき『バルブ』基礎のきそ」を執筆、続いて2017年にはバルブを知らない人にも理解できる「トコトンやさしいバルブの本」（いずれも日刊工業新聞社発行）を執筆しました。

　これらに続いて本書は、技術書である「絵とき『バルブ』基礎のきそ」を補完する"姉妹書"として、バルブの選び方とバルブに関連するトラブル対策とを容易に理解できるようやさしく解説しました。3冊を読み解いていただくと、一層バルブへの理解も深まると思います。

　本書執筆に当たり、たくさんの方からご支援をいただきました。企画ご提案をいただきました日刊工業新聞社の奥村功出版局長、また出版に当たりご指導ご協力をいただきました元㈱キッツの鍛冶省一様、エム編集事務所の飯嶋光雄様には、この場を借りて厚く御礼申し上げます。

2018年4月　　　　　　　　　　　　　　　　　　　　　　　　小岩井 隆

目次

第1章 バルブの基礎知識
- ❶-❶ バルブで制御できることはこんなに（機能） ……… 8
- ❶-❷ さまざまな流体を流すバルブ"汎用流体"とは？ ……… 9
- ❶-❸ バルブの分類 ……… 12
- ❶-❹ バルブの機能・種類・構造 ……… 14
- ❶-❺ バルブの材料（概要） ……… 24
- ❶-❻ バルブ関連の法規・認証 ……… 25
- ❶-❼ バルブ関連の規格・仕様書 ……… 26
- ❶-❽ バルブの操作（手動と自動） ……… 28

第2章 バルブの選定方法
- ❷-❶ 用途・設備の要求＝仕様 ……… 32
- ❷-❷ 流体の搬送道路"配管" ……… 33
- ❷-❸ 配管材料と配管の構成 ……… 35
- ❷-❹ 配管材料の選定手順 ……… 37
- ❷-❺ 汎用流体条件での管・継手選定 ……… 39
- ❷-❻ 汎用流体条件でのバルブ選定 ……… 41
- ❷-❼ 圧力-温度基準でチェック ……… 43
- ❷-❽ パッキン・ガスケットの条件もチェック ……… 45
- ❷-❾ バルブ選定の実際例（給湯設備の例） ……… 45
- ❷-❿ 特定のリスクがある場所での使用 ……… 47
- ❷-⓫ バルブの大きさ ……… 48
- ❷-⓬ 流体・用途・設備による制限 ……… 51
- ❷-⓭ 管種による制限 ……… 54
- ❷-⓮ 法規による制限・認証の指定 ……… 56
- ❷-⓯ ゴム材料の選定 ……… 60
- ❷-⓰ ストレーナ ……… 61

第3章 バルブ材料と腐食

- 3-❶ バルブの材料（詳細） ………………………………………… 66
- 3-❷ 腐食の種類（全面腐食と局部腐食） ………………………… 70
- 3-❸ バルブの材料「青銅」 ………………………………………… 72
- 3-❹ バルブの材料「黄銅」 ………………………………………… 73
- 3-❺ バルブの材料「鋳鉄」 ………………………………………… 75
- 3-❻ バルブの材料「ダクタイル・マリアブル」 ………………… 76
- 3-❼ 強靭な鋼、鋳鋼・鍛鋼・低合金鋼 …………………………… 78
- 3-❽ ステンレス鋼は万能か？ ……………………………………… 80
- 3-❾ 低温はステンレス鋼で ………………………………………… 81
- 3-❿ 異種金属接触腐食発生と対策 ………………………………… 82
- 3-⓫ 管端防食コア内蔵形青銅バルブ ……………………………… 86
- 3-⓬ 樹脂弁で高温流体にはHI塩ビを ……………………………… 87
- 3-⓭ ゴム材料と腐食 ………………………………………………… 89

第4章 バルブのトラブル事例と対策（手動弁編）

- 4-❶ 腐食に起因するトラブル ……………………………………… 92
  1. 鋳鉄バルブの錆び付きによる開閉不能 ……………………… 92
  2. 鋳鉄仕切弁の錆こぶの溜まりによる開閉不能 ……………… 94
  3. 管のねじ端部の腐食による外漏れ、閉塞 …………………… 96
  4. ゴム材料の腐食・劣化によるシート漏れ、黒水発生 ……… 98
  5. ゴム材料の腐食・劣化によるシート漏れ …………………… 100
  6. 異物付着によるボール弁、バタフライ弁の開閉不能 ……… 101
  7. 黄銅バルブの応力腐食割れ …………………………………… 103
- 4-❷ 流れや圧力に起因するトラブル ……………………………… 104
  1. 偏流によるバタフライ弁の開閉不能 ………………………… 106
  2. 偏流・渦流による逆止め弁の開閉不能・破損 ……………… 107
  3. 流量不足による逆止め弁のチャタリング・シート漏れ …… 110
  4. 逆圧不足による逆止め弁のシート漏れ ……………………… 112
  5. ウォータハンマによるバルブの破損 ………………………… 114
- 4-❸ 開閉操作に起因するトラブル ………………………………… 115
  1. バタフライ弁手動ギヤ装置の破損 …………………………… 115
  2. 仕切弁中間開度での使用破損 ………………………………… 117
  3. 蒸気に汎用仕切弁を用いた …………………………………… 119
  4. ステンレス鋼製シート部のかじりによる漏れ ……………… 121

❹-❹ その他の要因に起因するトラブル ……………………… 122
　　１ 結露水によるハンドルの錆、水漏れ ……………… 122
　　２ バルブ内部での異常昇圧による破損 ……………… 124
　　３ バルブの凍結割れ …………………………………… 127
　　４ ストレーナの破損・穴あき貫通 …………………… 128

第5章　バルブのトラブル事例と対策（自動弁編）

❺-❶ 電動操作機内への水の浸入 ……………………………… 132
❺-❷ 電動操作機内の結露 ……………………………………… 133
❺-❸ 電動バルブ複数台の同時制御 …………………………… 135
❺-❹ 高頻度操作による電動バルブの停止 …………………… 137
❺-❺ 微弱電圧・電流での開閉接点導通不良 ………………… 138
❺-❻ 空気圧自動バルブの遅速制御トラブル ………………… 140
❺-❼ 連続信号の変化に追随しない調節弁 …………………… 141
❺-❽ キャビテーション発生とダメージ ……………………… 142

第6章　バルブの保守保全と耐用年数

❻-❶ バルブの管理 ……………………………………………… 146
❻-❷ 事後保全と予防保全 ……………………………………… 147
❻-❸ 偶発故障と劣化故障 ……………………………………… 149
❻-❹ バルブの耐用年数と保証期間 …………………………… 150
❻-❺ バルブの耐用年数の考察 ………………………………… 153
❻-❻ 耐用年数を阻害する要因 ………………………………… 156
❻-❼ 故障と確率 ………………………………………………… 157

第7章　トラブルを未然に防ぐための
　　　　ポイントアドバイス

❼-❶ バルブ選定（19例） ……………………………………… 160
❼-❷ 配管施工（18例） ………………………………………… 178
❼-❸ バルブ開閉操作（5例） ………………………………… 194
❼-❹ 試運転・運転（6例） …………………………………… 199
❼-❺ 材料・腐食（7例） ……………………………………… 206

❼-❻ 蒸気配管での注意点（4例）……………………………… 212
❼-❼ 自動弁（16例）……………………………………………… 216
❼-❽ その他のコツ（3例）………………………………………… 232

参考文献 …………………………………………………………… 236
索引 ………………………………………………………………… 237

第1章

バルブの基礎知識

　流体を輸送する配管システムにおいて、流体を制御するという重要な役目をはたしている機器がバルブです。
　バルブの機能や構造原理は意外と単純なものが多く、基礎を押さえておくということは、たいへん重要なことです。ここではバルブの基礎についてやさしく説明していきます。

1-1 バルブで制御できることはこんなに（機能）

Point
- 流量の制御で圧力・温度・液位・分析などの制御ができる
- 流量を絞ることで結果的に他の対象も制御している

　バルブは配管に設けて流体を制御する機器（配管の部品）ですが、その基本的な機能は、流体を止める（閉め切る）、流す（全開）、絞る（調節）、流路を切り替える、の4つしかありません。制御できる対象は"流量"のみです。

　たしかにバルブがやっている制御は、配管で"流量を絞る"こと（全開位置以上の増量はできない）だけなのです。しかし、配管における制御では、この"流量"という本来の制御対象はもちろん、圧力・温度・液位・分析などの他の制御対象も結果としてですが、バルブで制御できるのです。

　バルブは圧力を増加することができる機器のポンプとは異なりますから、二次（出口）側の流量や圧力をバルブ自身で増加させることはできません。絞ることにより二次側の流量を減少させたり、圧力を低下させたりすることができるだけです。しかし流量を制御することにより、流量と圧力以外の制御対象である温度（熱量を制御）・液位・分析などをも制御することができるのです。まさにバルブは配管のいろいろな制御対象の"ちょうど良い"を実現する重宝な道具として開発されてきたのです。

　ここで示した"液位"とは、タンクの水位など「レベル制御」のことです。また、"分析"とは、濃度や導電度、pH値など、化学的な性質をファクターにした制御対象のことで、適切な計測器（センサ）が存在すれば、どのような対象をもバルブで"ちょうど良い"流体の制御ができるのです。

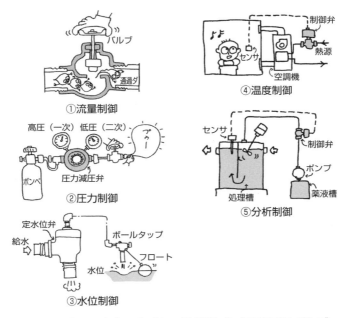

いろいろなファクターの"ちょうど良い"を実現するバルブ

❶-❷ さまざまな流体を流すバルブ"汎用流体"とは?

- 水道、燃料ガス、油、蒸気、空気などさまざまな流体が通る
- 流体には危険なもの、毒性、腐食性、付着性　性質はさまざまある

　バルブは流体の搬送を行うための"道路"である配管の部品です。当たり前ですが単独では何の機能も発揮できないのです。配管材料（コンポーネント）には、管、管継手、バルブ、スペシャルティ（ストレーナやサイトフローなどバルブ以外の配管機器）、支持装置、伸縮継手、計器（センサ）、その他（ガスケット、ボルトなど）があります。詳しくは❷-❷節「流体の搬送道路"配管"」を参照してください。

　バルブは流体を制御する機器ですから完成した配管と同様、いろいろ

な流体を搬送する（流す）わけです。わりと身近なインフラ流体である「水道、燃料ガス、油、蒸気、空気」など、さまざまな"汎用流体（業界用語）"と呼ばれる流体が通ります。また、流体には危険なもの、「毒性、腐食性、付着性、爆発性、可燃性」など、その性質はさまざまなものがあります。

配管を流れる"流体"とは、水や空気のように条件によって分子レベルで自由に運動して移動できる物体を示し、基本的には「液体」と「気

表1-2-1　建築・工業用設備で流体として扱われる水の区分例（筆者考察）

No.	配管液体としての水の分類	性状としての注意事項
1	地下水、湧水、河川水、消火用水、冷却水注)	化学的にアクティブでない「普通の水（工業用水）」（"死に水"とも呼ぶ）。特に注意は不要
2	冷温水、冷水、冷たい水道水、ブラインなど	「配管外部結露を生じさせる冷たい水」（結露はしばしば配管の厄介者である）保温保冷施工必要
3	給水（飲用給湯）	人の口に入る飲用水、安全性・清浄性を要求（配管は錆びないこと、鉛フリー、殺菌・残留塩素）
4	一般給湯、雑用（再生）水、プール水、高温水など	「アクティブな腐食性を有する水」（残留塩素や溶存酸素のアタック、湯は高温による化学反応の活性化）
5	蒸気（低圧）	気体、高温、圧縮性＝爆発危険性、凝縮、スチームハンマ（水では唯一の気体＝圧縮性ガス）
6	海水、鉱・温泉水、化学水溶液、雨水（酸性雨）など	「腐食性がきわめて高い水」配管材に注意"出所"により性質が大きく異なる
7	純水、超純水など	超純水は腐食性が高いことに加えて高度な清浄性を要求される水（ステンレスでももたないことがある）、配管材料に注意
8	氷	固体（通常は液体に成り得ないが、シャーベット状は水に混ざって液体として流せる）

注）地下水、湧水、河川水は、腐食性の要素成分を含まないもの

体」です。ただし、物体は温度や圧力によってその態様（状態）を変化させるものも多く、たとえば、水はその代表で、氷（固体）⇔水・湯（液体）⇔蒸気（気体）と大きく変態します。

「固体」は、そのままでは基本的には流体となり得ません。しかし、流体搬送技術の業界では、固体を細かく砕いて"粒や粉"の状態にすると、「水や空気を媒体として用いて固体を搬送する」という"粉体搬送"技術が開発されていて、石炭や氷、食品の粉などを配管で送ることができるのです。

われわれの一番身近な流体である水も配管を流れる流体としてとらえると、かなり性質が異なるいくつかのグループに区分（**表1-2-1参照**）することができます。本書のテーマとして詳しくは後述しますが、水もその態様によっては腐食性を呈するものも多く、けして「ただの水」と侮ってはいけません。水ではトラブルも多出しています。

1-2-1 汎用流体とは？

流体に「汎用」という定義はありませんが、強いてこれを決めれば「腐食性や燃焼・爆発性のない、低圧（1.0 MPa以下）の水・油・ガス」ということになり、種類は水・蒸気・燃料油（灯油・軽油・重油・ジェット燃料）・潤滑油・食用油・空気・窒素ガス・不活性ガスなどに制限されることになります。低温で燃焼し爆発性があるとされる水素ガスやアセチレン、ガソリンなどや支燃性が高い純酸素ガスやオゾンガスなどは、汎用流体には含まれません。

「流体：水・油・ガス、蒸気など」の表現は、JIS規格のバルブ使用条件の適用でも記載されています。配管の圧力と温度との関係を「圧力-温度基準（P-Tレイティング）」といいます。

米国の規格例では、「300 WOG」および「150 S」（最高使用圧力：常温の水W・油O・ガスGは300 psi、蒸気Sは150 psi）として同じバルブに流体による「呼び圧力」が並行して表示されることがあります。こ

第1章

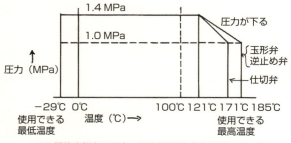

JIS規格青銅弁の圧力・温度基準例（呼び圧力10K）

R-Tレイティングのバルブ表示例

の場合、前者を「セカンダリーレイティング」と、後者を「プライマリーレイティング（クラス150）」と呼びます。"psi"は、圧力の単位（ポンドlbs／平方インチin^2）で、300は約2MPa、150は約1MPaです。

1-3 バルブの分類

> Point
> ● 基本構造は簡単だが専用の機能面で種類が多い
> ● 止め弁、逆止め弁、切換弁、自動弁、調整弁、調節弁

バルブはさまざまな流体制御の用途機能に利用されるため、構造や種類などではなく、役目や用途としての名称が付けられるケースが多々あります。たとえば、元弁、消火栓、水栓、安全弁、容器弁、ファンコイ

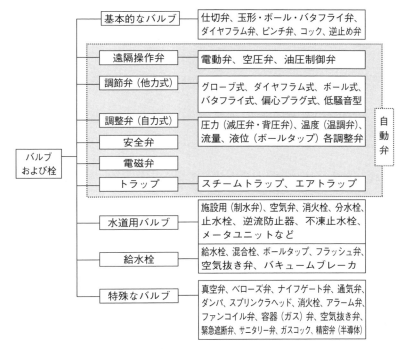

図1-3-1　バルブの種類（新版「バルブ便覧」より抜粋）

ル弁などですが、利用実績が古くから存在しているため、**図1-3-1**のようにバルブの種類は構造、操作、機能、役目、材料、設置場所、用途など多くの接頭語を冠した名称が勝手気ままに付けられています。したがって、分類も決まったベースがなく、生産統計資料などの分類も世界でも各国ごとにまちまちです。

　自動（制御）弁では、おおむね遠隔操作弁（on-off自動弁）、（他力式）調節弁、（自力式）調整弁の3つに分類されていますが、図1-3-1で独立して扱っている電磁弁は遠隔操作弁の仲間として、また安全弁とスチームトラップは調整弁の仲間として扱われています。なお、水道用バルブと給水栓は、水道水を供給する大インフラの1つとして、"分野（市場）"として分類されています。

013

1-4 バルブの機能・種類・構造

Point
- バルブの基本機能は、流体を止める、流す、絞る、流路切替えの4つだけ
- バルブの動作原理は、押しつけ、スライド、押しつぶし、回転の4つだけ

　前述したようにバルブの基本的な機能は、流体を止める（閉め切る）、流す、絞る（調節）、流路を切り替える、の4つしかありません。また、制御できるファクターは流量だけというきわめてシンプルです。しかし、前節の分類で示したように専用（特殊）の機能を満足させることも加えると、その種類と構造はきわめて多種多様なバルブが存在します。
　たとえば、流体を止める（閉め切る）基本的な構造のバルブには正流・逆流を止める止め弁（開閉弁、遮断弁とも呼ぶ）と逆流だけを止める逆

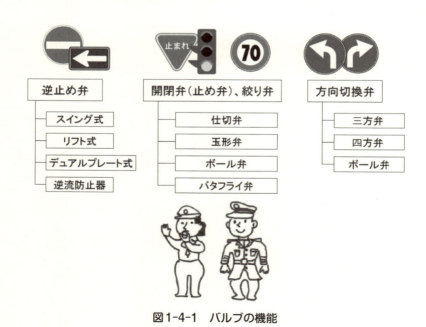

図1-4-1　バルブの機能

止め弁とが存在します（**図1-4-1**）。

バルブは「シールするための可動部を有する」と定義付けされているように、可動部、すなわち動く"弁体"を必ず有しています。流体を止めるためこの弁体をどのような手段で移動させてシールを得るかによってさまざまな構造が考案され現在に至っています。

弁体の動き（閉め切り）の各構造原理そのものは、**図1-4-2**に示すようにとてもシンプルですが、各バルブは与えられた使用条件を満たす詳細設計を実施して製作されるので、実際は部品数もある程度多くあり、結構複雑な構造になっています。

バルブの選定では、各バルブ形式の長所と短所を精査して、**短所はなるべく使わないようにしなければなりません。**

弁体の動き	バルブの種類	弁体の動き	バルブの種類
[Ⅰ]押し付け こま上の弁体を流れに逆らって押し付ける方式。流れを利用して押し付ける方式もある 	玉形弁 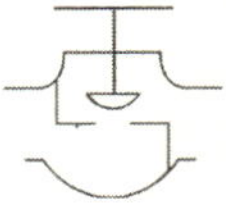	[Ⅳ]回転 球状、板状および栓状の弁体を回転させる方式 	ボール弁（球） 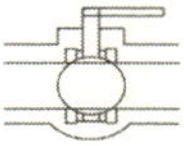
[Ⅱ]スライド 板状の弁体を流れる方向に対し、ほぼ直角に滑らせる方式 	仕切弁 		バタフライ弁（円板） 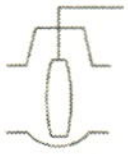
[Ⅲ]押しつぶし ゴムなど弾力のある弁体を押しつぶす方式 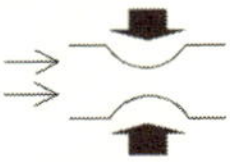	ダイヤフラム弁 ピンチ弁 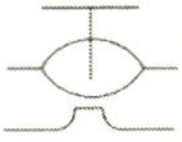		コック（栓） 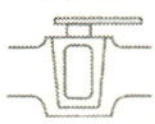

図1-4-2　バルブ形式と構造例

ダイヤフラム弁、ピンチ弁、コック（プラグ弁）は、一般に汎用用途には利用されませんが、特殊なケースでは個々の特長を活かして工業用途では活躍しています（**表1-4-1**）。

それでは、各バルブ形式でのポイントを述べましょう。

表1-4-1　各バルブ形式の要点、長所と短所例

型　式	要　点		
	弁体の動き	長　所	短　所
仕切弁 （ゲートバルブ、 スルースバルブ）	・スライド ・板状の弁体を流れ方向に対しほぼ直角に滑らせる方式	・直通流路をもつ ・流体抵抗が比較的小さい	・寸法が大きい ・開閉操作時間が長い ・全開/全閉の使用に限る
玉形弁 （グローブバルブ、 ストップ弁）	・押し付け ・弁体を流れに逆らって押し付ける方式 ・流れを利用して押し付ける方式もある	・調節特性に優れている	・小開度（およそ10％以下）では流体抵抗が大きく、浸食を受けやすい ・大きな締め切り力が必要 ・大きいサイズでは締め切りが困難
逆止め弁 （チェックバルブ） （チェッキバルブ）	・押し付け ・弁体を逆流圧によって押し付ける方式	・流体の圧力によって弁体は自動で開閉する	・逆圧が小さいと完全封止ができない ・圧力差が小さいと弁体の開度が安定しない
ボール弁 （球弁）		・直通流路をもつ ・流体抵抗が小さい ・開閉操作が早い ・操作がしやすい	・ソフトシートの材料によって温度や流体が制限される
バタフライ弁 （蝶形弁）	・回転 ・球状、板状の弁体を回転させる方式	・直通流路をもつ ・開閉操作が早い ・操作がしやすい ・軽量・コンパクトである	・ソフトシートの材料によって温度や流体が制限される ・弁体が流路に残る

1-4-1 正流・逆流を両方止めるバルブ（止め弁）

Point
- 止め弁の種類と構造、止め弁の長所と短所、使い方を理解する
- 得手・不得手を見きわめる、玉形弁は理由がある場合のみ選定

　正流（配管設計で順方向の流れ）と逆流の双方を止めるバルブを「止め弁（広義）」と呼んでいます。開閉弁とか遮断弁などという呼び方もあります。通常、ハンドル、またはレバーを用いて人力で開閉操作を行います。具体的なバルブ構造では、前述の仕切弁、玉形弁、ボール弁、バタフライ弁の4種類です。このうち玉形弁だけは単純にただの止め弁として選定することはありません。何かしら、玉形弁の特長を利用する（絞る、蒸気用など）ときに選定します。逆流だけを止めたい場合には、逆止め弁を選定します。逆止め弁は正流は自由に流します。

1-4-2 仕切弁と玉形弁（マルチターン形止め弁）

Point
- バルブの種類と構造、仕切弁の長所と短所、使い方を理解する

　止め弁の代表的なバルブの1つが仕切弁です。スルース弁とも呼ばれます。田んぼの水路の堰（せき）のような構造で、配管の流路に直角に板（弁体）を上から差し入れ封止します。全開時は管の内径とほぼ等しい口径が開き、全開時の圧力損失は少ないバルブです。ただし、弁体を口径（弁箱）の上方に収納するスペースが必要となるため、弁体の移動距離が大きく背が高いコンパクトではないバルブになってしまいます。また、中間開度位置では弁体が踊らないように押さえられていないため、チャタリングや摺動により損傷することがあるので、**中間開度（絞り）では使えません。**

　仕切弁は、弁体を上から差し込む構造と弁体を楔（くさび）状に製作することで比較的小さな操作力で開閉でき、小口径から大口径まで、高圧・高温用

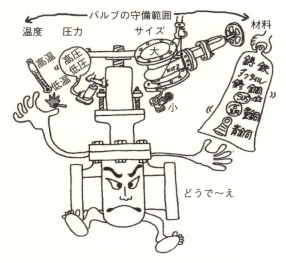

圧力・温度・サイズ・材料など守備範囲が広い仕切弁！

メタルシートのon-offバルブを提供することができます。

　一方、玉形弁は90度屈曲した流路を形成し、その流過穴を上から塞ぐ弁体動作です。このため全開時は大きな圧力損失を発生します。開閉には仕切弁より大きな操作トルクを必要とするので、大口径では製作に実用的限界があります。構造的に中間開度での絞りが可能で、絞り弁に向いています。

　仕切弁と玉形弁は、弁体を弁棒で上下させて、開閉動作を行います。この動作からリニア形（駆動機から見ると弁棒を上下に移動するから）またはマルチターン形（ハンドルを多回転する）と業界では呼ぶ場合があります。このため、速い開閉操作はできませんが、かえって遅い動作がウォータハンマやスチームハンマの発生を抑制します。

1-4-3 ボール弁とバタフライ弁（パートターン形止め弁）

Point ●バルブの種類と構造、バルブの長所と短所、使い方を理解する

　ボール弁とバタフライ弁は、ともにバルブ内部に球状や円盤状の弁体を有していて、弁体を90度回転することにより流路を開閉します。

　ボール弁は全開時、管の内径とほぼ等しい口径（球に設けた穴）が開き、全開時の圧力損失はきわめて少ない（仕切弁より少ない）バルブです。

　仕切弁は背が高く縦に細見でスマートな姿ですが、ボール弁は背が低く（コンパクト）丸みを帯びた姿をしています。バタフライ弁は口径とほぼ同じ径の円盤（弁体）がその位置で回転するため、ボール弁と比べても、きわめてコンパクトな形状となります。ただし、全開でも口径内に弁体の開時シルエットが残ってしまうため、ここに圧力損失が発生します。特に小口径になるほどこの圧力損失の比率は大きくなるので、「バタフライ弁は中大口径向き」といわれる所以（ゆえん）です。弁体が円盤ですから、きわめて薄い弁箱のバルブを製作することが可能なため、フランジ形の間に挟み込める"ウェハー形"を容易に製作でき、コンパクト性に加えて軽量です。

　ボール弁とバタフライ弁にはメタルシート構造のものも存在しますが、一般的に多く利用されるバルブは"ソフトシート"と呼ばれるボデーシート（またはジスクシート）が樹脂やゴムを用いた構造で製作されています。ソフトシートは圧力や温度に制限を有しているので、選定の際は使用条件をよく確認して行うことが必要です。

　ボール弁とバタフライ弁は前出のマルチターン形バルブと異なり、弁棒を90度回転するだけ（弁棒の上下動はありません）でバルブの開閉動作が可能であるため、業界では「パートターン形」、または「クォーターターン形」と呼ばれています。駆動機から見ると、軸を回転するので「ロータリ形」と呼ばれています。

第1章

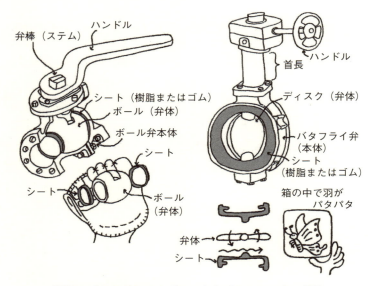

樹脂やゴムを利用するボール弁とバタフライ弁の構造

1-4-4 逆流だけを止めるバルブ（逆止め弁）

Point ●逆止め弁の種類と構造、逆止め弁の長所と短所、使い方を理解する

　逆止め弁は"止め弁"のグループとは機能が異なるバルブです。配管では一般に逆流が生ずると不都合な場合が多くあります。「正流はそのまま流し、逆流のみを止める」ときに用います。ハンドルやレバーを用いて強制的に閉止する止め弁と異なり、逆止め弁は流体の挙動（逆流発生）により流体自身で閉まる構成原理となっています。弁体の動きにより、その構造はスイング式、リフト式、デュアルプレート式、チルチング式、ボール式などが考案され製作されています。

　逆止め弁は、その原理から封止は"流体頼み"のバルブで外部からは開閉操作できません。このため**制限条件が多く使いにくいバルブ**となっています。また、ゴミ噛みに弱く止まりにくい欠点を有しています。した

がって、逆止め弁のトラブル発生も多くあります。

逆止め弁の欠点（信頼性）を対策するため、給水装置用では二重式や減圧式逆流防止装置（バックフロープリベンタ）などが開発製作されています。

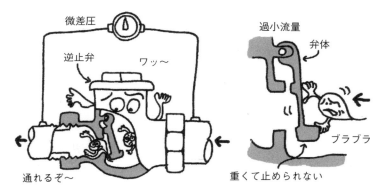

低逆圧や低流量が苦手の逆止め弁

1-4-5 自動弁の種類・機能・構造

Point ●調節弁と調整弁、絞ったり排出したり常時動いていて忙しい

前節までは"手動バルブ"について述べましたが、自動弁（自動制御弁とも呼ばれる）もバルブの大きな1ジャンルを構成しています。

自動弁を大別すると、①遠隔操作弁（電磁弁を含む）、②調節弁、③調整弁の3つになります。このうち、遠隔操作弁と調節弁はバルブの外部から手動に代わる操作を行う駆動源が必要で、一般に圧縮空気圧、電気を利用するものが製作されています。このため、業界ではこのグループを「**他力式**」を冠して呼んでいます。

一方、調整弁は流体自身の圧力や温度などを駆動源として動作するもので、業界ではこのグループを「**自力式**」を冠して呼んでいます。

第1章

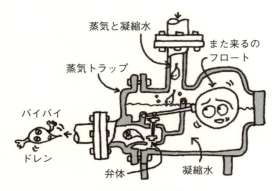

休まず働く自動弁

　多くの調節弁と調整弁は、連続制御（業界では、比例制御と呼ばれる方式）バルブを絞る制御のものが多くあります。制御方法には連続のほか、「二位置制御（業界ではon-off制御と呼ばれる方式）」もあり、温度やタンクレベルなどの制御では、この二位置制御（全開と全閉のみを繰り返す）も連続制御に対向して多く活躍しています。

　本書では、紙面の都合で手動操作の汎用弁を主体にトラブル事例と対策について紹介するので、自動弁も多く登場しますが、その詳細についてはメーカに問い合わせていただくとよいです。

　連続制御や連続動作で排出するトラップ類は、相当頻繁に動作しており、作動頻度がトラブルに繋がっているケースも多く見られます。

1-4-6 配管のゴミ取り器、ストレーナ（スペシャリティ）

Point ●意外とトラブルが多い機器、ゴミ対策にはストレーナが重要機器

　ストレーナは、「配管のゴミ取り器」でバルブの仲間ではありません。しかし、配管ではゴミを補足したり、下流の機器を保護したりするうえでストレーナは、きわめて重要な配管部品に位置づけられています。

　ストレーナは、内部にゴミを捕捉するエレメント（スクリーンとも呼

ばれる）を有していて、その網目（メッシュ）の選定がゴミの捕捉に重要です（2.16.1項参照）。

用途に応じてY形、U形（バケット式）、複式、ストレート形、簡易式（テンポラリ形）など多くの種類構造が製作されています。これらの中でもっとも安価で普及しているY形を**図1-4-3**に示します。

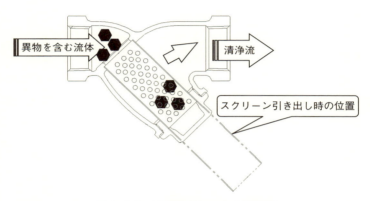

図1-4-3　Y形ストレーナの構造例

ストレーナの選定では、ゴミを捕捉する"網目"がポイントになります（❷-⓰節で説明します）。ストレーナは配管の比較的大きなゴミを捕獲するための機器ですから、メッシュ100を超える過剰に細かな網目を指定することは隙間があるため、あまり意味がありません。この場合は"工業用フィルタ"と呼ばれる機器が受け持つことになります。

ストレーナはゴミ箱に相当する機器ですから、掃除やゴミ捨てが必須です。これを怠ってトラブルになることが多く見られます。運転中徐々に流れが悪くなってしまうトラブルでは、まずストレーナを疑って点検しましょう。

1-5 バルブの材料（概要）

> Point ●いろんな材料を選定して適用するバルブ、流体や使い方に応じた材料を使い分ける

　バルブ（部品）には、図1-5-1に示すようにバラエティな材料が適用されます。本体（弁箱・シェル）の材料は、図中に示すようにバルブを表す名称にも使用されます。流体には一般に高圧・高温のものが多くある関係で金属材料が多く用いられますが、樹脂も重要なバルブ材料の1つで樹脂弁も活躍しています。本書のバルブトラブルにも材料が大きくかかわっている場合が多くあります。

　金属、樹脂を問わず、一般に材料は温度がある程度上がるとその強度

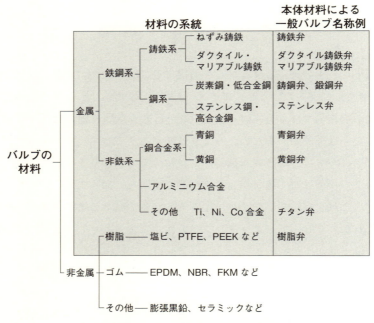

図1-5-1　バルブの材料一覧（概要）

(引張強さなど)が低下することが知られています。工業用配管では高圧・高温の流体条件に曝されることが多くあり、この強度低下は設計に織り込んでおく必要があります。また、材料は温度が低下(低温域)するとその靭性値（じんせいち）(衝撃強さ＝割れ難さ)が低下することも知られており、LNGなどの極低温搬送などでは材料選定で注意しなければなりません。

　金属製のバルブは一般に"鋳物"と呼ばれる鋳造法で製作されるため、温度によって低下する強度ごとに設計寸法(肉厚など)をつど変更して製作することは経済的に現実味がなく、完成した同じバルブを使用温度によって圧力の方を変えて選定するという合理的な考えで運用しています。「圧力－温度基準」と呼んでいるものですが、詳細は❷-❼節『バルブの選定「圧力－温度基準でチェック」』(p.043)を参照してください。

❶-❻ バルブ関連の法規・認証

Point
- 人命にかかわる法規、水道法・消防法・高圧ガス保安法、労働安全衛生法など
- 法的規制が多く、仕様が複雑なバルブの選定は要注意

　❶-❷節「さまざまな流体を流すバルブ」でも説明しましたが、流体には取扱い上、安全を担保する必要があるもの、危険で漏れが許されないものなど、過去の配管搬送上のトラブル事例対策に基づいて法制化された法規が多数あります。

　特に人命に直接かかわる設備に関する水道法、消防法、高圧ガス保安法、労働安全衛生法などでは配管材料について排除や制限を行ったり認証を求めたりと微細に言及していることが多くあります。その目的は、「粗悪品の利用排除」にあります。また、規格は単なる技術基準を示しているに過ぎないため、この適用を順守させるには法規によって紐付け・裏付けする必要があり、法規には何らかの表記で規格を呼び込んでいます。

図1-6-1にバルブに関連する法規を示しますが、これら以外でも工業単位を規定する計量法や食品・医薬品の製造にかかわる規定など、多くの法規が関係しており、まさにバルブ選びには法規を避けての実行は成り立ちません。

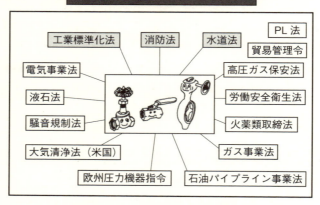

図1-6-1　バルブに関する法規例の一覧

1-7 バルブ関連の規格・仕様書

 ● バルブは規格・基準でがんじがらめ？
● JIS規格型バルブは標準化が進んでいて安心選定

バルブは配管の部品である性格上、「互換性」を特に担保することが重要です。すなわち、製造年やメーカを超越して互換性を有することがユーザの利便性を守ることになるからです。かつ多様な利用を用途別にある程度統一して標準化することにより、需要者の選定をサポートする

とともにメーカの量産や見越し生産などで経済性にも寄与することになります。

したがって、バルブについては管や管継手と同様に「機械要素部品」として標準化されてJIS（日本工業規格）などの規格・基準に詳細に規定されているものが多く存在しています。もちろん「経済性」を優先させた「メーカ（設計）標準仕様品」も市場では多く販売されており、市場では、選択の自由度が考慮されている反面、両者の使い分けで選定のスキルがない場合、混乱も予想されることもあります。規格とは機械や製品の規定された一定の「技術標準」をいいます。

規格のレベル（水準）では、図1-7-1に示すように国際、連合体（EU）、国家（JIS）、団体（JVなど）、社内（各社）に区分される中で規定されます。

標準化の水準

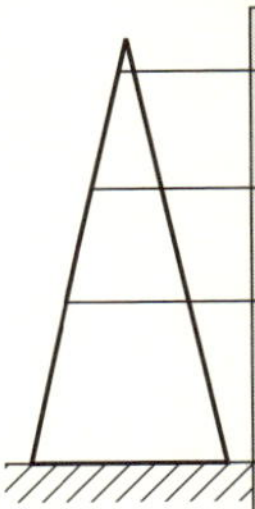

国際規格	国際的な規格 ISO、IEC
連合体規格	CEN（非電気分野）とCENELEC（電気分野）との共同体制で制定・運用されている欧州統一規格でEN規格として発行されている
国家規格	国家または国内基準として認められた団体で制定。全国的に適用。JIS、ANSI、BS、DINなど
団体規格	事業者団体、学会等が制定、原則その団体の構成員の内部で適用。JV、JPI、JWWA、SAS、ASME、ASTM、API、MSS。国家規格を補填する役目もある
社内規格	1つの企業の内部で、企業活動を効果的、円滑に遂行するための手段として標準化したもの（デベロッパー、設計事務所、ゼネコン、プラントメーカなど）

図1-7-1　標準化（規格）の水準

石油・化学工業など重要度の高いプラント設備に利用するバルブは、石油学会（JPI・API）規格により、高圧ガス保安法、液石法、ガス事業法などの法規に則り細部にわたり規定された仕様で製作されています。

建築設備配管に利用されるバルブについては、石油・化学工業、原子力・発電用途ほど厳格ではありませんが、消防法、水道法、ビル設備管

理衛生法（通称）、国土交通省標準仕様書など各種の法規や国家の購入仕様書にバルブの規格が引用もしくは明記されていて、規格を避けてはバルブの選定が立ち行かないほどがんじがらめになっているといっても過言ではありません。図1-7-2にJIS規格B 2023「ねずみ鋳鉄弁」各部の適用規格番号例を示します。

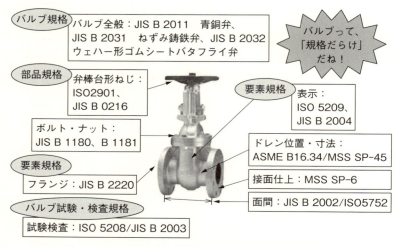

図1-7-2　JIS規格　ねずみ鋳鉄弁の適用規格番号例

1-8 バルブの操作（手動と自動）

Point
- いろいろなバルブの操作方法を理解する
- バルブには特性に応じた操作方法がある
- 過大な操作トルクを必要とするときはトラブルを疑ってみる

バルブの操作は、基本的に「手動」と「自動」とがあります。詳細は第2章の各バルブの構造で説明しますが、手動弁では大きく分けてハンドル多回転形（仕切弁、玉形弁などに使用、マルチターン形またはリニア

形とも呼ぶ）と90°回転形（ボール弁、バタフライ弁など、パートターン形、またはロータリー形とも呼ぶ）の2つに区分されます。

直接バルブの弁棒を回して操作する方式では、ハンドル（JIS用語では、ハンドル車、図1-8-1）またはレバーを利用します（図1-8-2参照）。

 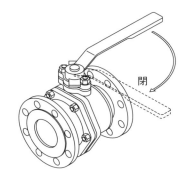

図1-8-1　小形仕切弁の丸ハンドル　　図1-8-2　ボール弁のレバーハンドル

バルブは、中大口径（大形）になると、操作トルクが増大して人力では何らかの"倍力装置"が必要になるため、「ギヤ操作機」などを搭載します。90°回転形のバルブでは、遅速装置としての位置づけでもギヤ操作機などを搭載します（図1-8-3、図1-8-4）。

ハンドルやギヤ操作機（これにもハンドルがある）は、バルブを操作するに適正なトルクを得るようなハンドル径に設計されていますから、力の加えすぎは厳禁です。この過大な操作トルクを加えることがバルブトラブルを誘因ことも多く見られます。

一般にギヤ操作機などの「倍力装置」は、バルブが大口径サイズになり必要な操作トルクが増大することにより採用しますが、場合によっては開閉操作速度を遅くするための「遅速装置」として採用されることがあるのです。

バルブのバンドルやレバーは、そのバルブに通常必要とされる操作トルクを発生する適切な大きさのものが、設計され取り付けられていま

第1章

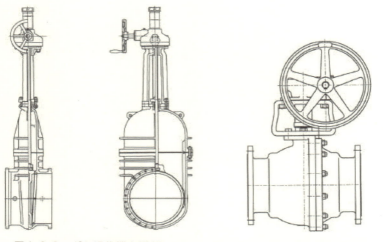

図1-8-3 ギヤ操作機を搭載した仕切弁

図1-8-4 ボール弁にウォームギヤ式操作機を搭載した例

す。通常の人力で動かない場合は、何らかの別の要因でバルブにトラブルが生じていることがよくあるので、真の要因を解決せず過大な力を加えることは避けなければなりません。

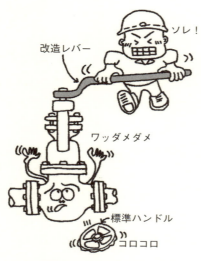

過大な操作トルクは禁止

ました。

第2章

バルブの選定方法

　メーカのカタログを見て盛りだくさんのバルブを前に選定に苦労されているのではないでしょうか？　製造販売する立場の者としても、「何でこんなに多くのバルブ種類があるのだろう」と当惑することがたびたびあります。
　現行のバルブの選定方法について順を追ってやさしく説明していきます。

管と管継手を選定する場合には、一般にそれほど種類は多くなく選択肢も限定されています。しかし、バルブは制御機能を伴うため、機能、圧力、温度、接続端、サイズ、耐食性、用途専用の仕様、付加仕様など、多くのファクターによりきわめて多くのものが製造販売されています。

用途・設備の要求＝仕様

> Point
> ● 配管材料への技術的な要求を「仕様」という
> ● 仕様をよく確認するところからスタート

　配管設計で配管材料を選ぶ場合、まず用途（流体の種類）と設備の役目と構成から「仕様」が決定されます。仕様とは用途や設備から求められる「技術的な要求」をいいます。もちろん配管ですから圧力や温度に耐え耐食性の要求にも応えることが必要です。また安全性（割れないなど）や耐久性（長持ち）なども経験則から精査します。

　配管設計では、この仕様から、まず管および管継手方式を選びます。バルブはその次ということになります。

　バルブの選定要素を図2-1-1に示します。仕様によっては法規で制限や指定を受けることが多々ありますから、この精査も重要です。

　材料は腐食性など流体の性状で、バルブ形式は使用目的とどのような制御を行うかで、圧力と温度はP-Tレイティングで、それぞれ精査します。一般的な配管設計では、管、管継手、バルブの順に配管コンポーネンツを選定していきますから、いきなりバルブを最初に選ぶことはほとんどありません。残念ながらバルブは三番手なのです。管と管継手からバルブの接続端形式や材料などが決められることになります。

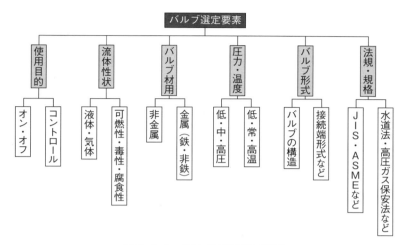

図2-1-1　バルブの選定要素例

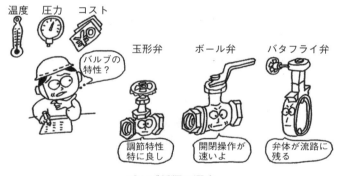

バルブ種類の選定

2-2 流体の搬送道路 "配管"

> Point
> - 流体輸送・伝達の機械要素、配管という装置
> - 道路の構成物は管と継手、バルブなければただの道

　配管は流体を圧力搬送する道路に相当するものですから、管と管継手

のみの構成ではその制御はできません。必ず何らかのバルブを必要とします。また配管では「何かあったら！」を必ず想定してその対処のためのバルブ（捨てバルブ、念のための安全弁など）を配管の要所に設けておくことも必要です。昔はこの捨てバルブなどは、設備配管施工図に記載されず、工事現場の裁量で設けられていたこともあり、現在ではうっかりの付け忘れも発生しているようです。これは平常時には不要なバルブですから、試運転時にも気が付かないことも多いようです。

　管と管継手の選定はバルブに先立って行いますが、汎用設備では基本的に複数の部材が選択肢になります。その中から知識と経験でもっともふさわしいものを選びます。バルブだけではなく、当然ですが管と管継手にも「圧力－温度基準」が存在しますから、三者の組合わせの中で一番低い基準に制限されることになります。もし、バルブが一番低くネックになっている場合は、バルブをアップグレードしなければなりません。

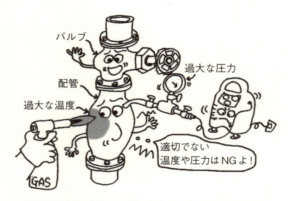

部材はそれぞれP-Tレイティングをもっている

一口メモ　　捨てバルブとは？

　常時全開で利用する止め弁で、「元弁」という名称もあります。水漏れなど、何か緊急事態が発生した場合に全閉にして下流の流出防止、点検やメンテナンスなどを行います。ドレン排出などに利用する常時閉のバルブ（ドレン弁）などもあります。これらのバルブは通常運転時には不要です。

2-3 配管材料と配管の構成

> **Point**
> ● 配管材料のコンポーネント（区分）は5種類：管・継手・バルブ・スペシャルティ・支持装置・その他
> ● バルブは唯一の制御機器

1-2節「さまざまな流体を流すバルブ」で説明したように、バルブは流体の搬送を行うための「道路」である配管の部品です。単独では、何の機能も発揮できないのです。配管（材料＝コンポーネント）には、**表2-3-1**に示すように管、管継手、バルブ、スペシャルティ（ストレーナやサイトフローなどバルブ以外の配管機器）、支持装置、その他（伸縮継手、計器〈センサ〉、ガスケット、ボルトなど）があります。

表2-3-1 配管を構成するコンポーネント

コンポーネント	主 な 品 目
管	継目なし管（シームレス管）、継目管（シーム管）
管継手	エルボ、T（ティ）、レジューサ、マイタベンド、キャップ、フランジ、フルカップリング
バルブ	仕切弁、玉形弁、アングル弁、逆止め弁、バタフライ弁、ボール弁、調節弁、安全弁
スペシャルティ	ストレーナ、スチームトラップ、検流器、ラプチュアディスク、フレームアレスタ
配管支持装置	リジットハンガ、バリアブルハンガ、コンスタントハンガ、防振器、レストレイント
伸縮管継手	ベローズ式、フレキシブルチューブ
計器（計装品）	流量計、温度計、圧力計

（出典：絵とき「配管技術」基礎のきそ）

これらのコンポーネントの中で、バルブは流体を制御できる唯一の機器ですが、選定順番やボリューム（量の多さ）では三番手となるのです。

第2章

お呼びですか？（三番手）

　一般に配管設計では前節のように、まず管（材料、圧力-温度基準、大きさなど）を選定し、その適切な接続方法（管継手）を選びます。次にバルブという選定順になります。

　バルブを管に取り付ける場合は、通常は管継手と同一の仕様になりますが、バルブは通常着脱を行わない継手とは異なり、メンテナンス上、着脱を考慮する必要がある場合があるので、必要に応じてフランジ形やユニオン形など着脱可能な方法を選定する必要があります。またバルブには流れ方向指定、配管姿勢制限、メンテナンス空間の確保なども必要になる場合がありますから、配管設計ではこのような取り回しスペースなどをも考慮しなければなりません。

　バルブの本体材料の選定では、原則「管や管継手と同一」の材料を選びますが、バルブは管や管継手と異なり流体を制御（シール）する可動部を有する機器なので、必要に応じて耐食性や安全性（割れないなど）を高めなければなりません。そのため、材料の腐食レベルで管や管継手の材料より腐食電位で貴（錆び難い）本体材料を選定することが一般的な基準とされています。管や管継手の材料よりバルブの方が卑（錆びやすい）本体材料を選ぶことは原則あり得ません。

　詳細は第3章「バルブ材料と腐食」を参照ください。

2-4 配管材料の選定手順

Point
- 選定は、管・管継手から
- バルブ選定順は三番手！
- 工程でのボタンのかけ違いは後工程では取り戻せない

すでに前節までに説明しましたが、選定は、管・管継手からバルブの順になされます。バルブを利用するにあたって、その選定工程はきわめて重要です。

図2-4-1に選定から廃棄に至る工程（流れ）を示します。

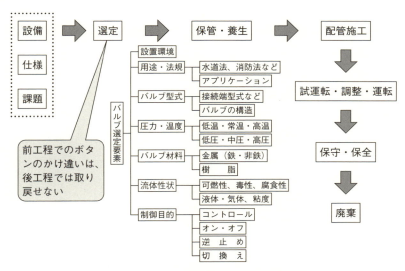

図2-4-1　バルブの選定から廃棄までの流れ

バルブを利用する場合、配管に取り付けるという工程（一般に配管工事と呼ばれる）があり、この工程は保管・養生と配管施工に分かれます。次に試運転・調整・運転を行います。

037

第2章

　運転中は適切な点検や保守・保全を行い、最終的には設備（バルブ）の廃棄に至ります。
　これらの工程は順に流れていきますから通常後戻りはしません。しかし、何かトラブルが発生すると前の工程に戻る（建築業界では「手戻り」、「手直し」と呼びます）ことになります。バルブの流れ方向を誤って取り付けたケースでは、試運転から前工程の配管施工に戻ってやり直せば手直しや手戻りのロスはあるものの対処できます。しかし、選定工程で誤りを犯してしまうと、各工程から選定まで戻る必要があり、そのロスは大変なものになる場合がありますから選定はきわめて重要です。
　一般に管や管継手には「保守・保全」という行為があまりありません。点検としては、「肉厚チェック、外漏れのチェック」くらいです。このため、管や管継手は「メンテナンスフリー」というイメージが確立されているように思われます。しかし、バルブは可動部を有する制御機器なので、メンテナンスフリーは誤りです。あくまで「機械もの」ですから必ず定期的な点検、保守・保全は必須です。一般にファンや冷蔵庫など、「いつも動き続けている機械は壊れにくい」といわれています。車も毎日乗っている方が調子は良いと思います。
　しかし、バルブ特に手動弁は一般にたまにしか動かさないことがほと

管や継手は肉厚をチェック、イメージはメンテナンスフリー

んどですから、なおさら定期的・計画的な点検・メンテナンスが必要になるのです。

②-⑤ 汎用流体条件での管・継手選定

- SHASE規格が設備配管の基準基盤
- 管や継手はほとんどJIS規格にある
- 汎用弁は空調衛生工学会SHASEの基準で選定する

　第1章で説明したように、バルブにはきわめて多くの種類（特に専用用途弁には）がありますから、本書ですべてのバルブについて記載することは不可能です。本書では「基本的なバルブ」すなわち汎用弁に絞って説明したいと思います。バルブの基本を知っていただければ、特殊な用途弁にも応用が可能です。

2-5-1　汎用弁とは？

　汎用弁とは、水や空気などの汎用流体（②-①節参照）を流す広い用途に用いるバルブの総称で、性能や仕様、品質を標準化して経済性を図ったバルブです。「一般弁」や「弁類」とも呼びます。特定の条件や特定の用途向けのものではなく、産業や市場を通貫して、低リスクで使用条件（仕様）さえ合致すれば市場・設備はどこでも適用できるバルブを指します。

　この用語には明確な定義はありませんが、建築設備や一般機械装置業界では、50A以下の小形弁では圧力2MPa（65～200Aの中大口径では圧力1MPa）以下、手動操作式の玉形弁、仕切弁、ボール弁、バタフライ弁および逆止め弁を指すとイメージされています。

　弁箱材料は、ねずみ鋳鉄、ダクタイル鋳鉄、マレアブル鋳鉄、ステン

レス鋼（防錆用途）、青銅、黄銅、アルミニウム合金（ウェハー形バタフライ弁のみ）などです。

汎用弁は、JIS規格などで標準化されていることが多く、メーカでは見越し生産を行って市場流通に供給し、カタログなどで選定して、ほぼ即納で購入できることが通常です。

汎用的な利用における配管設計では、建築設備業界で標準化されているSHASE（空気調和・衛生工学会）規格が基準基盤であり、ここで指定されている管や管継手はほとんどJIS規格に存在します。表2-5-1に

表2-5-1　建築設備用配管材料とその使用区分

（出典：空気調和・衛生工学会）

区分	管種	名称	規格	蒸気	高温水	冷温水	冷却水	油	冷媒	給水	給湯	排水	通気	消火	備考
金属管	鋳鉄管	ダクタイル鋳鉄管	JIS G 5526							○				○	
		水道用ダクタイル鋳鉄管	JWWA G 113							○				○	
		排水用鋳鉄管	JIS G 5525									○	○		
		下水道用ダクタイル鋳鉄管	JSWAS G-1									○			
	鋼管	水道管用亜鉛めっき鋼管	JIS G 3442			○	○			○	○			○	
		配管用炭素鋼鋼管	JIS G 3452	○		○	○	○	○			○		○	
		圧力配管用炭素鋼鋼管	JIS G 3454	○	●	○	○	○	○					○	蒸気・高温水・油・冷媒用は黒管、その他は白管。●はスケジュール40。
		高圧配管用炭素鋼鋼管	JIS G 3455	○											黒管
		配管用アーク溶接炭素鋼鋼管	JIS G 3457											○	白管
		一般配管用ステンレス鋼鋼管	JIS G 3448			○	○			○	○				
		配管用ステンレス鋼鋼管	JIS G 3459												
		水道用ステンレス鋼管	JWWA G 115			○				○					
		水道用硬質塩化ビニルライニング鋼管	JWWA K 116			○				○					SGP-VA、VB、VD（地中配管用）
		フランジ付硬質塩化ビニルライニング鋼管	WSP 011			○				○					FVA、FVB、FVC
		水道用ポリエチレン粉体ライニング鋼管	JWWA K 132			○				○					SGP、PA、PB、PD（地中配管用）
		フランジ付ポリエチレン粉体ライニング鋼管	WSP 039			○				○					FPA、FPB、FPC
		水道用耐熱性硬質塩化ビニルライニング鋼管	JWWA K 140			○				○					SGP-HVA

［注］　WSP：日本水道鋼管協会規格　　JWWA：日本水道協会規格　　JIS：日本工業規格

SHASEによる配管材（管）の使用区分（選定）を示します。同様に、管継手の使用区分表もあります（記載省略）。

②-⑥ 汎用流体条件でのバルブ選定

- 汎用弁では「国土交通省 標準仕様書」が技術基盤
- バルブにはメーカ設計標準品も多くある
- 頼りになる国交省購入仕様書、長寿命・高品質品を標準化指定

　汎用弁は前述のSHASE規格、またはJVMA日本バルブ工業会資料「バルブユーザガイド」などの基準で選定します。メーカのカタログなどを参照しても行います。

　代表的な汎用弁は、国家規格であるJISに規定するB2011青銅弁、B2031ねずみ鋳鉄弁、B2051可鍛鋳鉄弁（ダクタイル鋳鉄弁）、B2032ウェハー形ゴムシート中心形バタフライ弁、B2071鋼製弁です。このうち鋼製弁は規格があるのみで市場で販売されていません。鋼製弁は国内市場では需要の大きい「石油工業用（JPI規格、フランジは米国ASME規格）」の専用用途向け鋼製弁が国内向けに転用標準化（フランジのみJIS規格）されて石油以外の工業用途向けに販売されています。

　JISを補完する団体（日本バルブ工業会）規格としてJV規格でダクタイル弁、管端防食コア付青銅弁、ステンレス弁などが汎用弁として規格化されています。ボール弁とY形ストレーナは船用を除いて適応する国内JIS規格がありません。規格品以外でもメーカ（設計）標準品が多く製造されているので、特段指定のない限り仕様とコストを睨んで選定することも可能です。

　JV規格では「建築設備用バルブユーザガイド（無償）」で汎用弁の選定を案内しているので参考にしてください。なお、プラント・工業用のバルブユーザガイドは、JV3規格になるので有償です。

建築設備業界では、国の購入仕様書である「国土交通省 公共建築物標準仕様書（機械工事編）」がデファクトスタンダード（業界標準）として広く設備設計事務所、ゼネコン、サブコンなどで自社基準にも展開されているため、これを基準とすれば「間違いのないバルブ選び」が可能となります。**表2-6-1**に標準仕様書で指定されるバルブ、およびストレーナの一覧を示します。

表2-6-1　国土交通省 標準仕様書で指定されるバルブ・ストレーナ選定の概要（まとめ）

【規格品】　JIS：日本工業規格　　JV：(社) 日本バルブ工業会規格

規格番号	規格名	呼び圧力	仕切弁	玉形弁	逆止弁	ストレーナ	ボール弁	バタフライ弁
JIS B 2011	青銅弁	5K、10K	○	○	○			
JIS B 2031	ねずみ鋳鉄弁	5K、10K	○	○	○			
JIS B 2032	ウェハー形ゴムシートバタフライ弁	10K、16K						○
JIS B 2051	可鍛鋳鉄10Kねじ込み形弁（仕切弁）	10K	○					
JIS B 2071	鋼製弁	10K、20K	○	○	○			
JV 4-2	鋳鉄弁−可鍛鋳鉄及び球状黒鉛鋳鉄小型弁	10K、16K	○	○	○			
JV 4-3	鋳鉄弁−可鍛鋳鉄及び球状黒鉛鋳鉄弁	10K、16K	○	○	○			
JV 4-4	鋳鉄弁−マレアブル鉄及びダクタイル鉄小形弁	10K、16K、20K	○	○	○			
JV 4-5	鋳鉄弁−マレアブル鉄及びダクタイル鉄弁	10K、16K、20K	○	○	○			
JV 5-1	給水用管端防食ねじ込み形弁	5K、10K	○	○	○		○	
JV 5-2	給湯用管端防食ねじ込み形弁	5K、10K	○	○	○		○	
JV 8-1	一般配管用ステンレス鋼弁	10K、16K、20K	○	○	○		○	○
JV 8-2	一般配管用ステンレス鋼ストレーナ	10K、20K				○		

注意：ゴムシートバタフライ弁は、蒸気給気管、蒸気還管および管端が開放された配管（バルブ止め）には使用できません。

【規格品外】

ボール弁	50A以下：青銅弁（10Kねじ込み形ボール弁）
	65A以上：鋳鉄弁（10Kフランジ形ボール弁）　※65A以上はギア式とする。
ストレーナ	50A以下：鋳鉄製、ステンレス製または青銅製Y形ねじ込み
	65A以下：鋳鉄製またはステンレス製のY形またはU形でフランジ式。ステンレスはJV8-2
	※水用は40メッシュ以上（電磁弁の前に設ける場合は80メッシュ以上）。蒸気用は80メッシュ以上
	※塩ビライニング鋼管またはポリ粉体鋼管に鋳鉄製ストレーナを取り付ける場合はナイロンライニング。ねじ込みの場合はJV5-1
	※耐熱性ライニング鋼管に取り付ける場合はJV5-2

（黒管：亜鉛めっきをしない鋼管、白管：溶融亜鉛めっき鋼管）

②-⑦ 圧力-温度基準でチェック

Point
- バルブの圧力-温度基準で使用条件を確認する
- P-Tレイティングには本体とシートが別々に存在する

2-7-1 圧力－温度基準とは？

　圧力－温度基準（Pressure-Temperature rating　P-Tレイティングとも呼ばれる）は、「流体の温度とその温度におけるバルブの使用しうる最高圧力との関係を、材料グループごとに定めたもの」と定義されています。圧力－温度基準はバルブに限らず管や管継手（特に管フランジ）にも存在します。

　材料は金属、非金属に限らず使用する温度がある程度高くなると「強度が低下」します。金属材料では比較的その温度は高いのですが、それでも120℃を超えるあたりから強度の低下が始まり、200℃あたりから顕著になります。極端なケースでは、高温時に強度が半減してしまうこともあります。バルブや管材料の強度を支える肉厚は、一般に材料強度の低下がない常温をベースにバルブを設計しますから、使用温度が高い場合は材料強度の低下に見合った値で肉厚を設計し直す（厚くする）必要があるのです。

　使用温度が変わるたびに、いちいちバルブを設計して製造することはきわめて効率の悪い不経済な話になりますから、「あらかじめ各使用温度においての最高使用圧力の方を（下げて）決めておき、ユーザ側にこの値で選定してもらう」という合理的なやり方を採用しているのです。

　実際にこの圧力－温度基準によるバルブ選定例を見てみましょう。

2-7-2　P-Tレイティング図の見方

図2-7-1は、鋼製10Kボール弁の圧力-温度基準（使用可能範囲）例です。このバルブには①弁箱（ボデー、本体）の材料によるレイティング、②弁座（シート）材料によるレイティング、③パッキン・ガスケットの材料によるレイティングが含まれています。鋼製10K（フランジ形）では、常温域で約1-4 MPaが、140℃くらいを超えると順次下がっていき、図2-7-1では300℃・約1 MPaまで記載されていることが読み取れます。

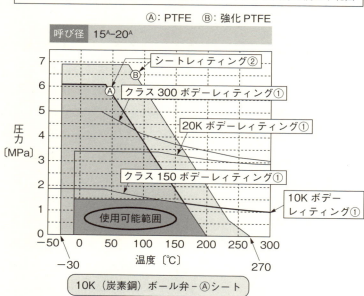

図2-7-1　鋼製10Kボール弁の圧力-温度基準（使用範囲）の例

四フッ化エチレン樹脂製のシートⒶでは、常温では6 MPaですが40℃くらいから下がり始め、160℃付近でボデーとクロスして200℃で0

になっています。③はこのバルブの場合は②と同じ材料で、ほぼ同じと見てよいでしょう。バルブとしての使用範囲は、図の①②の両方が満足する囲まれた部分になります。

このバルブのケースでは、実際に圧力0のところは利用できないので、有圧（1.0 MPa）での最高使用温度は170℃くらいになります。

2-8 パッキン・ガスケットの条件もチェック

Point
- バルブの圧力－温度基準よりパッキン・ガスケットが劣ることもある
- 使用条件に合致したパッキン・ガスケットを選ぶ

前節の例では、たまたま②と③は同じ材料でしたが、一般的なメタルシートのバルブ（①と②が同一）では、③のパッキン・ガスケットの材料によるレイティングで温度が制限されることがあります。実例では、ダクタイル鋳鉄製のバルブ①では、一般に260℃を超えて350℃まで利用できますが、市場で利用の多いメーカ標準品では③を260℃で制限しています。これを超えた温度域には標準パッキン・ガスケットではなく、条件に適合するもの（オプション）を選定して装着する必要があります。

2-9 バルブ選定の実際例（給湯設備の例）

Point
- 管の選択肢には複数ある、設備・仕様から絞り込む
- 複数の選択肢からもっとも適切なものを選ぶ

バルブを選定する場合は、あらかじめ「配管設計」が大方なされ、管や管継手（サイズや材料・管種・接続方式など）がすでに決まっている

場合が大半かと思われます。汎用流体には、管や管継手の選択肢が通常複数あるので、その中から機能だけでなく、調達性や耐久性、経済性も考慮して、その場所に最良と思われる方法を選びます。

たとえば、給湯設備配管を例にして考えると、管種として①給湯用耐熱ポリ塩ビ樹脂ライニング鋼管（WSP043）、②一般配管用ステンレス鋼管（通称：薄肉ステンレス管 JIS G 3448）、③銅管（JIS H 3300）、④耐熱塩ビ管（JIS K 6770）・架橋ポリエチレン管（JIS K 6769）・ポリブテン管（JIS K 6778）・三層複合管などの樹脂管、計4種類の選択肢が挙げられます。表2-5-1に配管材（管種）の使用区分（設備別流体）を示します。

バルブは一般ねじ式のバルブに、バルブアダプタ（継手方式変換継手、①例：管端防食コア付管継手×オスねじ）などをバルブの両側に取り付

番号	管	管継手	バルブ（止め弁）	備考（バルブ外観）
①	給湯用耐熱塩ビライニング鋼管	管端コア付ねじ込み形防食継手	管端防食コア付ねじ込み形青銅バルブ	
②	一般配管用ステンレス鋼管（薄肉管）	メカニカル継手（例：アバカス継手）	メカニカル継手付ステンレスバルブ（例：アバカスバルブ）	
③	銅管	ソルダー形（ろう付け）	ソルダー形青銅バルブ	
④	耐熱塩ビ管	押し込み接着（TS工法）	バルブソケット＋ねじ込み形青銅弁またはステンレス弁	

図2-9-1　給湯設備配管における配管材（管種）の組み合わせ（選択肢）例

ける方法もありますが、「接続部（漏れ可能性箇所）はなるべく減らす」ことが好ましいためこれを考慮すると、管種専用の管継手付一体形バルブを選定することが望ましいです（図2-9-1）。

2-10 特定のリスクがある場所での使用

> Point
> ● バルブ故障による結果保証には汎用弁では限界がある
> ● 必要とする場合は保証が付いた専用バルブを適用

　汎用弁は、その設計思想から標準化やコストも大いに考慮して設計製造されています。バルブが何らかの故障やトラブルを起こすことは通常あり得ることで、配管設計ではこのことをあらかじめ想定しておくことが大切です。

　設備が汎用的なものではなく、**人命や被害の拡大波及を及ぼす可能性がある場合**は、この故障やトラブルの発生は許されません。たとえば、航空機、鉄道車両、自動車、遊園地の遊具設備、原子力施設内設備などは、バルブの故障リスクを最小化し、かつその場合保証がされなければなりません。当然、重要な設備配管に用いるバルブはこのリスクを考慮し、専用設計されたバルブである必要がありますから、たとえ使用条件をクリアしてもここには汎用弁を適用することができません。メーカの取引条件（用途制限）を精査して選定することが重要です。

ここには汎用弁は使っちゃダメ！

2-11 バルブの大きさ

- ボール弁にはボール内径を絞ったものがある
- フル・スタンダード・レジュースド各ボアの選定
- 経済的理由だが適材適所でボアを選定

　配管（管と管継手）には、その大きさ（一般には太さ）を表す呼びが段階的に存在します。バルブは基本的に管や管継手に従属しますから、大きさの呼び（弁箱口径：管との接続端）は管と同じです。通常バルブの大きさは管と同一のサイズが販売されています。

　管や管継手の呼びはA呼称（単位はないがmmが出典単位）とB呼称（単位はないがinchが出典単位）の双方で呼ばれます。管材業界では、一般的に接続方式でねじ込み形はB呼び、フランジ形はA呼びで呼ばれます（**表2-11-1**参照）。

表2-11-1　配管材の大きさの対照と呼び方（管材業界慣用語）

A 呼び	6	8	10	13*	15	20
B 呼び	1/8	1/4	3/8	1/2	1/2	3/4
（業界呼び）	イチブ	ニブ	サンブ		ヨンブ	ロクブ

A 呼び	25	30*	32	40	50	65
B 呼び	1	1 1/4	1 1/4	1 1/2	2	2 1/2
（業界呼び）	インチ		インチニブ	インチヨンブ	フタインチ	ニイハン

A 呼び	75*	80	100	125	150	200	250
B 呼び	3	3	4	5	6	8	10

＊印：水道関係　300以上省略

インチコー（ター）／インチハン

　流体がバルブ内部を通過する流路の内径（シート径、ポート径またはボア径とも呼ぶ）は、基本的に管の内径とほぼ同じ径、すなわちほぼ同

じ面積を有しています。ボール弁は1-4-3項で説明したように、全開時はフルポートの穴が流路に現れるため、フルボアではきわめて圧力損失が少ないバルブです（管とほぼ同レベル）。このため、フルボアでは過剰品質になることも多く、経済的理由でボール弁にはボール内径部を1段絞ったものが存在します。「レジュースドボア（または汎用弁ではスタンダードボア）」と呼ばれ、フルボアより安価に販売されています。

通常、1段絞ったレジュースドボアのボール弁の圧力損失は、内部に凹凸の多いフルボアの仕切弁とほぼ同等の圧力損失とされているので、有圧配管で止め弁を選定する場合は、仕切弁、またはレジュースドボア（スタンダードボア）のボール弁が選択肢になります（図2-11-1参照）。ただし、無圧の配管から早く流体を排出（ドレン）したい場合などは、フルボアのボール弁を選択すると排出効率が良いです。なお、ボール弁にはボアを2段落としたもの（同じくレジュースドボアとも呼ばれている）

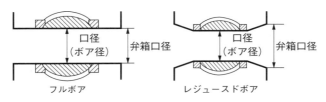

図2-11-1　ボール弁のボア形状の種類

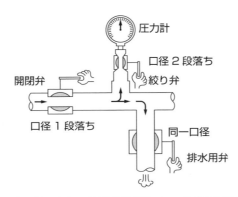

なるほど、ボール弁では使う場所によってボアを選ぶのか

も販売されており、圧力が伝達すればよい圧力計の元弁や栓（流体の取り出し部）などに適用するとコストメリットがあります（表2-11-2参照）。

これまでのボアの話はあくまでも止め弁（on-off弁）について適用するものです。絞る必要のない逆止め弁と、調節弁や調整弁のようにはじめから絞ることを前提（目的）としているバルブについては当てはまりません。すなわち絞る場合は、一般にシート部の流過面積は管内径の面

表2-11-2　ボール弁の口径の種類

口径（ボア）の種類	適　用　例
フルボア（管とほぼ同径）	バルブの圧力損失を嫌うところ （無圧排水ライン、配管の元部ラインなど）
スタンダードボア（呼び径より1サイズ絞られている）	十分圧力差を有していてバルブの圧力損失が問題ないところ （一般的な圧力配管や配管末端の切出し部） 一般に圧力損失が少ない構造のボール弁は、スタンダードボアでもフルボアの仕切弁に圧損が匹敵すると考えられているので、この呼び方が付与された
レジュースドボア（呼び径より1サイズまたは2サイズ絞られている）	バルブの圧力損失がほとんど問題にならないところ（圧力計の元弁など圧力が導通すれば利用できるところなど）

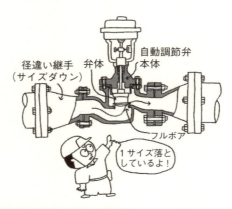

調節弁や調整弁の配管は継手で1サイズ落とすんだ！

積（フルボア）に比べて極端に縮小することと、全開時の面積を大きくとる必要はないからです。

一般的な設備配管においてはサイジングと呼ばれる調節弁・調整弁の適切なサイズ選定でも、配管より1サイズ小さなバルブを選ぶ（管継手のレジューサを用いてバルブ部をさらに縮小配管する）ことがほぼ当たり前に行われています。

2-12 流体・用途・設備による制限

> Point
> ●特に漏れやすい水素やヘリウムなどは特別な対策が必要
> ●蒸気に対する注意、玉形弁を選定

バルブを構成する材料は、流体や管種などに合わせて種々のものが用意されています。流体による選定のポイントについて、何点か取り上げて説明します。

① 蒸 気

蒸気は水の変態の1つですが、ガス状（圧縮性で爆発の可能性あり）・

徐々に流してよ！　急開すまん

高温で危険流体であることが特徴です。このため、1-4-2項の止め弁（玉形弁）でも説明しましたが、スチームハンマ発生防止のためバルブを急開放ができない（いきなり大量の蒸気を送れない）構造のバルブ、すなわち「玉形弁」を適用します。最近では、軽量コンパクトなバタフライ弁（PTFEシート・メタルシート）も低圧の蒸気ラインの止め弁に多く適用されるようになっています。バタフライ弁を蒸気ラインに適用する場合は、レバー式による急開放ができないように、小サイズでもあえて「ウォームギヤ式操作機付き」とします。

② 浸透性の高いガス

流体が水の場合と比較して流体が空気の場合、漏れやすい性状を示します。これは体積が変化しない非圧縮性の液体に比べ、自由に体積が変化し分子が自由に飛び回る圧縮性の気体の方が漏れやすいことは自明です。液体は隙間に入り込むと表面張力が働き漏れにくくなりますが、気体はこの表面張力が働きませんから漏れやすくなることも気体の性状です。

空気（窒素）と同じガス流体でも種類によっては漏れやすさが異なります。特に分子量が空気や窒素に比べて小さい水素やヘリウムなどは、きわめて浸透（透過）性が高く漏れやすいのです。場合によっては、パ

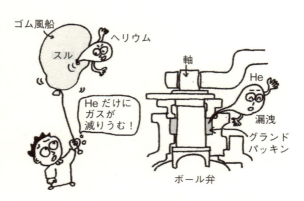

①通過お見事　　②弁のガスケットが危ない

水素やヘリウムはパッキンを透過漏れしやすい

ッキンやガスケットなどを適切な材料へ変更することも伴います。このため利用に当たっては、メーカの使用条件（検査条件）を確認したり、使用可否を問い合わせたりすることが必要となります。条件によっては、汎用弁（メーカ仕様品）では対応できず「ガス用の精密バルブ（ベローズ弁やメタルダイヤフラム弁など）」としなければならない場合もあるため、選定に当たっては注意しなければなりません。

③ **燃料ガス（LPガス、都市ガス）**

燃料ガスは可燃性流体として危険性・爆発性を有しており、LP（液化石油）ガス消費設備用（低圧ガス）としてバルブを用いる場合は、液化ガス法（液化石油ガス器具に対する規制）により適合性検査合格品（認証品）としなければなりません。また、燃料ガス製造設備（中圧・高圧・極低温など）では、液化ガス法および高圧ガス保安法などの適用を受ける場合があり、バルブの選定は注意しなければなりません。

④ **油（燃料油）**

油、特に白灯油や軽油、ジェット燃料などの「液体燃料油」は常温で液体（非圧縮性流体）であるため、漏れやすさについては水とさほど変りません。しかし、可燃性流体で火災時の危険性を伴うため、漏洩発生事故によるリスク発生を最小限に止める管理が要求されます。

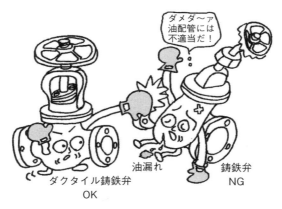

凹んでも割れない強靭バルブにしてね！

消防法で規定される危険物貯留ラインでは、元弁の本体材料には告示で「鋼製」を求めており、外力（衝撃）によって割れを生ずる可能性のある鋳鉄や青銅材料の適用は、法規違反となるため避けなければなりません。この場合は、強靱な鋳鋼またはダクタイル鉄・マリアブル鉄とします。鋳鋼またはダクタイル鋳鉄は、外力で凹むことがあっても割れないから流体が外に大量には漏れません。

ダクタイル鋳鉄（❸-❻で詳細説明）は強靱性を有しており、前述の鋼製に匹敵すると消防法（通達）で使用を認められています。

❷-⓭ 管種による制限

Point
- 管種によりバルブ仕様が異なることもある
- 継手方式のデファクトスタンダードは、ねじとフランジ
- 管端防食コア付きバルブ、メカニカル継手付きバルブなど、管接続方法もいろいろある

2-13-1 ステンレス鋼管および銅管（異種金属接触腐食に対する注意）

❸-❿節で詳細に説明しますが、水系の配管において、ステンレス鋼管や銅管などの電気化学的に貴な金属製の配管に、鋳鉄、ダクタイル鋳鉄、炭素鋼などの電気化学的に卑（錆びやすい）な金属製のバルブを接続した場合には、バルブの接続部の腐食が加速的に促進され、短期間でバルブ機能を損なうことがあります。したがって、ステンレス管や銅管の水配管内に鉄系のバルブを見つけたらすぐに交換してください。

流体が常温水の場合には、ステンレス配管に銅合金製のバルブおよびアルミ合金製バタフライバルブは、利用可能です。高温の湯の場合は、ステンレス配管にはステンレスバルブを適用することが原則です。

2-13-2 給水用樹脂ライニング鋼管

　水道用硬質ポリ塩化ビニルライニング鋼管（JWWA K116）、および水道用ポリエチレン粉体ライニング鋼管（JWWA K132）に取り付けるバルブは、接水部が鋳鉄製のバルブはナイロンライニング鋳鉄弁とし、ねじ込み形のバルブは、給水用鉛フリー銅合金製の管端防食コア付き弁（❸-⓫節で説明）を利用します。

2-13-3 給湯用樹脂ライニング鋼管

　水道用耐熱性硬質ポリ塩化ビニルライニング鋼管（JWWA K140）に取り付けるねじ込み形のバルブは、給湯用鉛フリー銅合金製の管端防食コア付きバルブとし、フランジ形のバルブは、ステンレス弁を利用します。ナイロンライニングバルブは、温度制限（上限60℃まで）で80℃にもなることがある給湯用には利用できません。

2-13-4 薄肉ステンレス鋼管

　一般配管用ステンレス鋼管（JIS G 3448）および水道用ステンレス鋼管（JWWA G115）にはメカニカル継手付きバルブを利用します。この継手は、管用ねじを加工できない配管用ステンレス鋼管（JIS G 3459）専用です。給水では、金属間の腐食電位差に開きが少ないとして鉛フリー銅合金製のバルブも利用可能ですが、給湯ではステンレスバルブの利用が推奨されています（出典：ステンレス協会）。

　この管では「管端つば出し加工」といって、フランジ接続で「ラップジョイント」の代わりに管端を折り曲げ加工し、フランジ形のレイズド面（平面座）を構成する工法（ノーラ工法など）も経済性が高いため建築設備では多く利用されています。レイズド面の加工によってその外形が小さいとウェハー形ゴムシート中心形バタフライ弁への取り付けがで

第2章

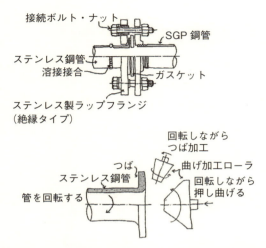

図2-13-1　管端つば出し工法によるフランジ形接続

きないことがあるため、事前確認が必要です（図2-13-1）。

2-14 法規による制限・認証の指定

Point
- 法規によりバルブの利用に制限がある場合がある
- バルブの認証制度をもつもの：JISマーク表示、水道、消防、燃焼ガス、高圧ガス
- 法規や仕様で指定された認証品の適用必須が多い

2-14-1 バルブの関連法規

❶-❻節「バルブ関連の法規・認証」で説明しましたが、バルブを含む配管部材は設備配管を構成する重要な部品で、場合によっては「人命」に影響する機器でもあります。このため、その品質確保はきわめて重要な課題です。

表2-14-1 バルブに関する法令

法令名	制定年	担当省庁	規制項目
消防法	S23年（1948）	総務省	材料の制限、性能認証（検定・認定）
工業標準化法	S24年（1949）	経済産業省	JIS表示認証
高圧ガス保安法	S26年（1951） H8年（1996）	経済産業省	高圧ガス製造設備、検査設備の事業所認定 材料別の温度／圧力の制限
ガス事業法	S29年（1954）	経済産業省	材料別の温度／圧力の制限 溶接部の特別要求など
水道法	S33年（1958）	厚生労働省	水質基準（浸出試験など）
電気事業法	S39年（1964）	経済産業省	材料別の温度／圧力制限 溶接部の特別要求など
騒音規制法	S43年（1968）	環境省	設備や機械から発生する騒音の規制
労働安全衛生法	S47年（1972）	厚生労働省	第2種圧力容器：2MPa以上、容積40L以上
石油パイプライン規制法	S47年（1972）	経済産業省 総務省 国土交通省	鋳鋼弁に限定
火薬類取締法	S25年（1950）	経済産業省	災害防止、公共の安全の確保（火薬類の製造、販売、貯蔵、運搬、消費の取扱いの規制）
液石法（液化石油ガスの保安の確保及び取引の適正化に関する法律）	S42年（1967）	経済産業省	消費設備に用いる機器類
大気清浄法（米国）	改訂1990年	EPA （環境保護庁）	189種の有毒ガスに対して大気への拡散防（500ppm以下）
欧州圧力機器指令強制施行	2002年5月	EU （欧州連合）	0.5bar以上の圧力機器すべてに適用

　特に建築設備配管においては、消防法・水道法が重要な法規と位置付けられており、またプラントや工業用途では、高圧ガス保安法、消防法（危険物貯留、コンビナート防災など）、労働安全衛生法（圧力容器、ボイラ、防爆）などが、重要な法規と位置付けられていて、コンプライアンス違反の罰則規定も制定されています。**表2-14-1**にバルブに関連する具体的な法規を記載します。

2-14-2 バルブの関連認証（制度）

「許認可」とは、日本の法令によって定められた制度上の許可・認可をいいます。バルブに関する代表的な許認可は、次項の規格で示すJIS規格品目の「JISマーク表示許可」制度（工業標準化法）です。これはJISに製品規格を有する品目のうち、制度で指定されるものに設計・製造の審査を経て製品にJISマーク表示を許可するものです。従来この許可制度は、製造工場を認可するものでしたが、現在では制度が改正され製品そのものを認可することになっています。基本的なバルブ（JIS陸用B部門）では、青銅弁、ねずみ鋳鉄弁などがその対象となっていて、通称「JIS弁」と呼ばれるものは、製品にこの認証品（弁箱にマークが付与されているもの）に限られます。「ゴムシート中心形バタフライ弁」はJISに製品規格があるものの、制度上JISマーク表示許可対象品ではないため、JISマークは付けられずにJIS規格弁とは呼ばず「JIS適合品」などと称しています。

図2-14-1にJIS表示許可マーク（証票）および表示例を示します。この他、汎用弁では消防法や水道法などにいろいろな認証品が指定され

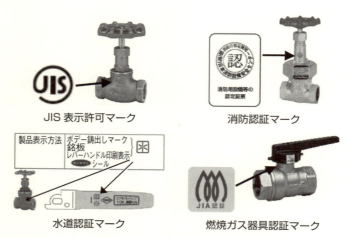

図2-14-1　各種認証バルブの例

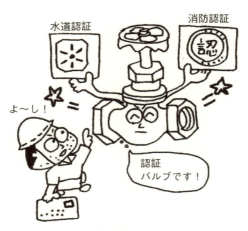

認証バルブでよ〜し！

ています。図2-14-1に消防認証マーク、水道認証マークおよび表示例、燃焼ガス器具認証マークおよび表示例を、それぞれ示します。

　JIS表示バルブ（国家規格品）が重要とされる理由は、前述の消防法および水道法では、重複認証の除外として、JISマーク表示バルブはほぼ無条件で利用することができるとされていることにあります。これは、原則消防および水道設備で用いるJISマーク表示バルブ以外のバルブ（JV・JWWAなどの団体規格品を含む）についてそれぞれ専用の認証制度を定めていることにあります。

　この他、身近な利用では、燃料ガス用バルブ・栓に液化ガス法（液化石油ガス器具に対する規制）による「適合性検査合格品（認証品）」が規定されています。

　もちろん、工業用の高圧ガス保安法にもこの認証制度（この場合は型式認証バルブに対して個別製造された現品を認証する制度）が存在します。バルブの気密試験などの成績をはじめ、鋳物素材のチャージ（溶解番号）などをも記録され、製造に関するいっさいの製造履歴が管理される仕組みになっているので、問題が生じた場合は製造工程のトレースが可能です。

高圧ガス保安法の規制から外れる大形の空気圧シリンダなど圧力容器の構造に関する法規では、厚労省の労働安全衛生法による規制があります。また、蒸気の取り扱いでは、同じく労働安全衛生法によるボイラ規制があります。

2-15 ゴム材料の選定

- 流体による使い分けが必須
- 空気圧配管には油が混在

主として金属材料による本体材料の選定もさることながら、バルブ部品にはゴム材料も多く用いられています。代表的な使用箇所は、中心形バタフライ弁のゴムシートおよびボール弁などのグランドパッキン（Oリング式）です。ゴム材料には多くの種類がありますが、バルブ（流体）用としてはエチレンプロピレンゴム（EPDM）、フッ素ゴム（FKM）、ニトリルブタジェンゴム（NBR）の3種が用いられます。ゴム材料は得意とする流体がある反面、使用できない流体もありますので、使い分けに注意しなければなりません（表2-15-1参照）。

表2-15-1　流体によるバルブのゴム材料・樹脂適応可否例

用途、流体	（○）使用可材料	（×）使用不可材料	備考
一般の給水や空調・消防用水など	EPDM		NBR、FPMも可
給湯および高濃度塩素水（プール）	FPM	EPDM、NBR	
給湯機出口、貯湯槽（高温水）	PTFE（テフロン®）	EPDM、NBR	条件によりFPMでも可
燃料油・油油分を含む空気・窒素ガス（常温）	NBR	EPDM	油分を含まない空気はEPDMでも可

空気圧（圧縮空気設備）の配管では、コンプレッサやエアドライアなどの機器から油が出ることがあり、耐油性の高いNBRとすることを推奨します。

2-16 ストレーナ

>Point
>● ゴミを捕捉する網目の選び方
>● 用途・種類の選び方

ストレーナは配管部品スペシャルティに区分される配管機器でバルブではありませんが、バルブと関連性が高く、隣り合って配管されることも多いため説明を加えます。ストレーナの概要は1-4-6項で説明しましたが、選定のポイントは多数存在します。

圧力、温度、耐食性（材料）などは、バルブの基準を準用します。

すなわち「シートの止め機能がないバルブ」として扱えばよいことになります。

用途・種類については後述しますが、一般にY形と呼ばれるストレーナが選定のほとんどを占めます（図2-16-1）。

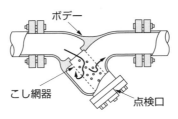

図2-16-1　Y形ストレーナの例

ストレーナは濾し、または濾し器とも呼ばれ、配管のゴミを捕捉する機能を有します。配管内のゴミ（夾雑物）は一般にやっかいな存在です

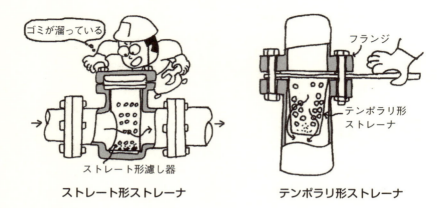

ストレート形ストレーナ　　　テンポラリ形ストレーナ

が、必ず存在し、機器やバルブにトラブルをもたらすことが多くあります。特にバルブでは、逆止め弁、調節弁、調整弁がゴミに対して打たれ弱い面があります。

　ストレーナは、内部に穴や網を配したスクリーン（ゴミの捕捉部品、1-4-6項参照）を着脱可能に配しています（図2-16-2）。穴径や網目は濾しとるゴミの大きさを考慮して選定しますが、メーカでは表を基準にして網目を用意しています。選定の基準は、用途や流体に応じて国交省標準仕様書、またはメーカのカタログなどによります。

図2-16-2　Y形ストレーナのスクリーン例

2-16-1 メッシュとは？

　金網の場合、1インチ（25.4 mm）の幅間に明いている空間の数をいいます。ただし、メッシュが細かくなるに従って、線径も細くなります

表2-16-1　流体条件によるストレーナのメッシュ指定例

	40メッシュ	60メッシュ	80メッシュ
線径	0.16 mm	0.15 mm	0.12 mm
目の開き	0.47 mm	0.27 mm	0.20 mm
空間率	56 %	42 %	39 %

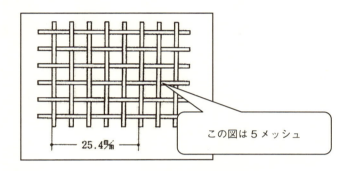

この図は5メッシュ

メッシュとは…長さ25.4 mmの間にある目の数

図2-16-3　スクリーンメッシュの呼び方

から目の開き（空間の寸法、通過するゴミの大きさ）は、**表2-16-1**のメッシュ規定例（標準仕様書記載）のようになります（**図2-16-3**）。

　また、ストレーナの種類・構造では、**図2-16-4**に示すU形（バケット形）、複式（油用）、ストレート形（ウォッチグラス付き）、テンポラリ形など、多くの種類が用途に応じて製造販売されています。

　ストレーナは船舶用（JIS F部門）を除いては、国内規格はほとんど存在しません（JV 8-2一般配管用ステンレス鋼ストレーナのみが規格がある）ので、基本的にはメーカ標準品から選定します。

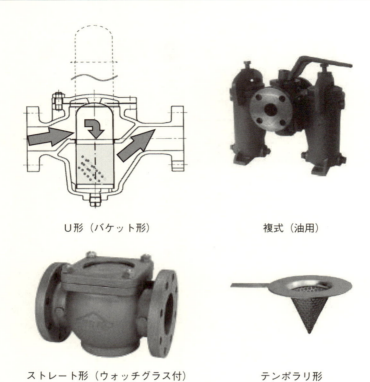

図2-16-4　各種ストレーナの例

第3章

バルブ材料と腐食

　配管は流体輸送の「通路」ですから腐食性を有するいろいろな流体が流れます。また、流体によっては危険性の高いものも多く存在しますから配管やバルブからの漏れは許されません。したがって、バルブを構成する各部品についてその材料の諸元（安全性・耐食性・耐摩耗性など）を精査しておくことはきわめて重要です。バルブのトラブル事例でも「材料の選定」がその発生要因になっているケースが多いこともこのことを物語っています。

3-1 バルブの材料（詳細）

●本体材料と要部材料
●適材適所の材料選定

　バルブを構成する部品を大まかに区分すると、①圧力容器（シェル、または本体）を形成する弁箱とふた（ボンネットやキャップ、カバーという名称もある）、②内部で接液してシールに重要な役割を果たす要部（トリム）を形成する弁座（ボデーシートとジスクシートの両側がある）、弁体を可動させる弁棒（ステム）、または逆止め弁のヒンジピン、ボンネットブッシュや玉形弁のジスクホルダなど、③補助部品（ハンドル、パッキン、ガスケット、その他）に分かれます。**図3-1-1**に青銅製仕切弁の主な部品を示します。

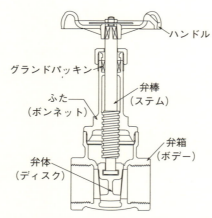

図3-1-1　代表的なバルブの構造と部品の名称例（ねじ込み形仕切弁例）

3-1-1 本体材料とは？

この中でもっとも重要な①本体（弁箱とふた）の材料は、金属製の場合「鋳物」と呼ばれる鋳造により製作されることが一般的です。バルブの弁箱のように内部に複雑な流路をもち、かつ複雑な形状を形成するには鋳物がもっとも適しているからです。

おれは本体・部品が鋳物製だよ！

❶-❺節で示したように、鋳物でも銅合金、鉄、ダクタイル鋳鉄、炭素鋼、高合金鋼、アルミニウム合金、チタン合金などきわめてバラエティな材料が使い分けられています。もちろんコストパフォーマンスも重要ですから可能な限り過剰品質は排除しなければなりません。まさに「適材適所の材料選定」がなされなければなりません。**表3-1-1**にバルブの本体材料とその特徴・用途を示します。

配管材料の選定には多くの経験則の他に、安全性を担保する耐衝撃性などを有した材料（いわゆる割れない材料）が法規や規格、公的仕様書などに指定されている場合も多く、管や管継手と比較すると特に内部に

表3-1-1　バルブの本体材料とその特徴・用途

本体（ボデー）材料例	材料の特徴・用途
ねずみ鋳鉄鋳造品 （FC200）	数千年の歴史をもつ安価な材料で、低圧、常温用として使用する。 錆びやすいため、水用にはナイロンライニングをほどこしたものを利用する
球状黒鉛鋳鉄鋳造品 （FCD450-10） ダクタイル鉄鋳造品 （FCD-S） マリアブル鉄鋳造品 （FCMB-S35）	発明されて半世紀になるが、鋳鉄特有の作りやすさと、鋼に準じた靱性を併せもつため、年々利用量が増大している。建築設備では、高層ビルなどの「高圧」用途や蒸気などの「高温」用途に利用される
高温高圧用炭素鋼 鋳造品 （SCPH2）	鋼は靱性があり、硬さ、引張強さ、衝撃値に優れるため、石油・化学各種プラントの高温・高圧用に使用されている。建築設備では、地域熱供給や燃料油などの可燃性流体にも利用される
ステンレス鋼鋳造品 （SCS13A、SCS14A）	他のバルブ材料と比べ、高価な反面、耐食性・耐熱性・低温性および機械的性質に優れているため、建築設備から工業用まで利用量は増加している
青銅 （CAC401、CAC406）	青銅は人類の歴史で最初に使用された鋳物であり、銅にすず、亜鉛、鉛を添加した合金。 加工性、耐食性が良く、比較的低圧で小さなサイズに使用される
鉛レス青銅 （CAC911）	青銅から「鉛」を廃し、別の無害な代替成分に置き換えた青銅鋳物材料。飲用水に用いる
黄銅 （C3771）	黄銅は、一般に真鍮（しんちゅう）とも呼ばれ銅と亜鉛の合金。経済性の高い材料で、汎用・工業用のあまり重要でない配管に利用されている。水栓には、主材料として利用される

　可動部を有し、シールをつかさどる機器であるバルブは❷-⓮節「法規による制限・認証の指定」で説明したように、法規や規格を避けての選定は成り立たないといっても過言ではないでしょう。

　ビル設備や一般機械設備に多く利用される「汎用弁」に用いられる材料は、❶-❺節の図1-5-1「バルブの材料一覧」に示す金属材料を用い

ることがほとんどで、バルブ材料としての特徴は表3-1-1のとおりです。

一般的に「16K未満の低圧弁」は、本体に青黄銅、ねずみ鋳鉄、アルミニウム合金、ステンレス鋼が、「16Kを超える高圧弁」は、ダクタイル・可鍛鋳鉄、鋳鍛鋼、ステンレス鋼などの「強靭で耐高温性に優れた金属材料」が利用されます。

汎用弁の代表的な本体材料というと、やはり青銅、黄銅、鋳鉄などです。国内で最初に使われたバルブは「青銅製のコック」といわれているとおり、青黄銅（銅合金）製のバルブは汎用弁の代表になっています。本来材料的な耐食性だけを見れば、中大口径（65A以上）サイズも青黄銅製で製作できればよいのですが、一般にフランジ形となって重量が急増するこれらのサイズでは、製造コストや製造効率を考慮すると青黄銅製では経済性で引き合わないことになります。したがって、中大口径サイズの汎用弁では、本体はねずみ鋳鉄やダクタイル鋳鉄（強靭性を必要とする場合）を選びます。水などの流体で錆びてはいけない仕様には、鋳鉄にナイロンなどの樹脂をライニングしたり、やむを得ず青銅やステンレス鋼を用いたりするなどの防錆対策をとります。

3-1-2 要部材料とは？

要部とは、❸-❶節の文中②バルブ内で接液してバルブのシールや可動にかかわる「重要な部品（略して要部）」を指します。弁体のシート、弁箱のシート、弁棒、ヒンジピンなどが要部に当たります。当然要部の材料は錆びない材料で本体材料より腐食レベルで貴の材料を適用します。たとえば鋳鉄弁では、これら要部（弁箱・弁体付弁座）に青銅やステンレス鋼を適用します。青銅やステンレス鋼のバルブでは、シート材料は本体と同一レベルになるので、弁箱や弁体と一体に構成（インテグラルシートと呼ぶ）されます。

その他、❸-❶節の文中③補助部品もなくてはならないもので、1部品が欠けてもバルブは機能しません。

3-2 腐食の種類（全面腐食と局部腐食）

> Point
> ● 金属腐食の形態には全面と局部とがある
> ● 局部腐食は進行が速く深いため、短期のトラブル発生になりやすい

　コロージョン（腐食）は、流体の化学・電気化学作用によって金属製バルブ部品の一部が腐食・変質・減肉する現象で「機械的な変化」は含まれません。

　「バルブ用語」では、機械的な破壊作用がなく「化学的、または電気化学的作用によって、金属表面が変質していく現象」いわゆる錆び現象を「コロージョン」と呼びます。この変質は日本語では、一般的に"腐食（または金属の酸化）"と表現されます。

　金属の腐食の形態には、表面全体が均一に腐食する全面腐食と一部が選択的に集中して腐食する局部腐食とがあります。

　局部腐食は、配管材料などで全面に均一でなく、局部的に腐食が集中して発生することを指します。局部腐食は、配管トラブルの要因となりやすいことが知られています。

　全面腐食は、「均一腐食」ともいい、配管の内外面はもちろん、建築・土木構造材などでも通常連続して発生しています。一般に全面腐食は、止めることは経済的に難しく、「広く・薄く」比較的ゆっくり進行するため、その進捗速度はデータの蓄積である程度予測が可能ですから、事前に対応準備（寿命を予測すること）ができます。

　しかし、局部腐食はある部分に集中して発生し、その進行速度がきわめて早いことがあるため、特にバルブを含む配管材料では、短期間に予測できないトラブルを招くことが多々あります。すなわち、配管材料は、一部でも穴があいたり（貫通）、欠損したりすると漏れなどのトラブルになるからです。

　局部腐食は、「不均一腐食」ともいい、配管ではその形態は次にあげ

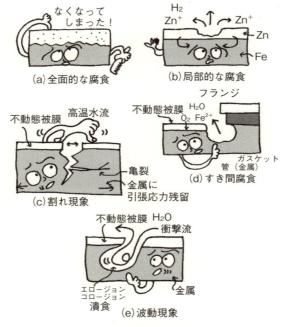

金属腐食の形態と損傷

る代表的例に集約されます。

① 異種金属接触腐食（galvanic corrosion または bimetallic corrosion）
（❸-❿節参照、p.082）

② 孔食（pitting corrosion）

③ すきま腐食（crevice corrosion）

④ 粒界腐食（intergranular corrosion）

　このほか、腐食単独ではなく材料に割れを伴う現象を発生させるものもあり、形態は複雑化・多彩化しています。

　基本的にバルブは、配管材料（管）とバルブ本体材料とが異種であることが多く、いわゆるシールする機能部分はバルブだけに隙間だらけですから、①～④の腐食は、すべてが輻輳して発生する可能性があります。また、応力がかかる耐圧容器には腐食を起因とした応力集中（応力腐食割れ）なども発生することがあります。

3-3 バルブの材料「青銅」

- 優れた耐食性の銅合金、各種の水や油に有効
- 汎用流体に大体適用できる優れもの

　国内では水系の流体に対し、鋼管（冷温水、冷却水、消防用水、河川水など）または樹脂ライニング鋼管（給水・給湯・雑用水など）を用いるケースがほとんどです。しかし、この鋼管に対し小口径では、バルブ類はほとんど青銅弁を用いています。これは水に対して耐食性がある青銅がバルブの材料としてもっともふさわしいことを示しています。日本国内の水は一般的に軟水ですから比較的腐食性は高いのです。バルブには可動部がありシート部を形成していますから、水で錆びない青銅が小形弁では経済的で最適です。ちなみに欧州では硬水が多いため、耐食性が劣る黄銅（3-4節参照）での腐食問題はなく、黄銅製バルブが多く普及しています。米国は両方あります。かつての米国製カードゲーム「水道管ゲーム」では、鉄製の管や継手が錆びて漏れることに対して、銅製の管や継手（ろう付けの銅製のもの）は錆びずに漏れないという神話認識でカードの絵柄やゲーム構成ができていました。

　青銅は一般に「Cu85-Zn5-Sn5-Pb5」と呼ばれる銅合金で5%鉛が含

"砲金"の名前の由来

まれています。青銅は鍛造成形ができず、鋳造（鋳物）しか製作できません。鋳物（CAC406）では、鋳造性や被削性を確保するにはこの鉛の含有は重要なのですが、人体に毒性があるとの情報に基づいて飲用水の配管機材には使用禁止になりました。現在では、この鉛に代えてビスマスやセレンで置き換えた材料「鉛フリー銅合金（鋳物ではCAC911）」が開発され、飲用水の配管用青銅バルブではこの材料が使われています。ただし、現時点では「鉛フリー銅合金」は高温では割れる可能性があるため、100℃以下での温水利用に制限されていますので、蒸気などの高温には使えません。

　市場では、飲用水に用いる鉛フリー銅合金製バルブと、飲用水以外（冷温水、冷却水、消防用水、蒸気など）に用いる、一般青銅（鉛あり）製バルブとが並行して販売されているので、用途によって使い分ける必要があります。一般青銅は、バルブ製造時の素形材還元材料として回収された水道メータ、バルブ本体など安価な材料を再利用することができますが、鉛フリー青銅はまだ市場からの還元材料がしばらく市場に出ないので、通常正規のインゴットから製造するしかなく、このバルブは3割ほど高くなっています。

3-4 バルブの材料「黄銅」

- コストパフォーマンスに優れた銅合金、空気や水など装置配管に有効
- 青銅弁の部品（弁棒）として活躍、耐脱亜鉛対策品を利用
- 応力腐食割れに弱いので設置環境に注意

　黄銅は青銅と同種の銅合金ですが、成分構成が異なります。7-3黄銅と6-4黄銅とがありますが、一般にバルブ用には「ロクヨン」と呼ばれる銅成分が少ない「Cu60-Zn40」黄銅が用いられます。黄銅は鋳物し

か製作できない青銅と異なり、鋳造、鍛造、棒などの成形材などいろいろな製造法を用いることが可能です。銅が少なく亜鉛が多いことから、材料として青銅より安価で、鍛造成形もできてより安く量産することが可能なので、バルブとしてはきわめてコストパフォーマンスが高いため装置用として大量に利用されています。

しかし、青銅と比べると耐食性に劣り「脱亜鉛現象」や「応力腐食割れ（p.075参照）」などの発生もあるので、使い方には注意しなければなりません。建築設備分野では、黄銅弁の利用は原則禁止されています（青銅弁とすることが指定されています）。

黄銅は鍛造成形（いわゆる棒材）が可能なことからバルブ部品である弁箱、ボンネット、弁体はもちろん弁棒にも、多く利用されています。ちなみに青銅弁の弁棒は、青銅ではなく黄銅製（ただし、耐脱亜鉛対策黄銅棒としなければなりません）でもよいので、弁棒やグランド（パッキン押さえ輪）などに多く利用されています。

3-4-1 脱亜鉛現象とは？

黄銅には40％もの亜鉛が含まれています。金属のイオン化傾向で、亜鉛は銅と比べるときわめて卑な金属ですから、条件が厳しいと腐食して亜鉛が溶出してしまうことがあります。亜鉛が抜けると残った組織はスカスカの骨粗しょう症のような状態になり、強度が低下して破損してしまうこともあります。このため、青銅弁に用いる弁棒は「脱亜鉛対策黄銅棒」を適用することが規定されています。

図3-4-1　脱亜鉛腐食を生じて脆性破壊した黄銅製弁棒
　　　　（青銅バルブに使用）

3-4-2 応力腐食割れとは？

黄銅の場合は、亜鉛含有量が15％以上の添加により、その感受性が著しくなり、30～40％で最大感受性を示すとされています。ちょうどバルブの黄銅材料6-4黄銅がこれに近いため、①引張応力の存在（残留）、②特定の腐食環境の存在、③水分および酸素の存在の3条件が満たされた場合に発生しやすくなります。

埋設に準ずる環境下にバルブを設置する場合は、これら①②③の条件が整いやすいため、黄銅製バルブの使用を禁止しています。

①引張応力（残留）
②腐食環境
③水分および酸素

黄銅製弁　応力腐食現象

**応力腐食割れを生じた黄銅製バルブ
（埋設条件に使用）**

3-5 バルブの材料「鋳鉄」

> **Point**
> ● コストパフォーマンスに優れた鉄製鋳物、空気や水に有効だが錆びやすく割れやすい
> ● 衝撃割れに弱い、ガス体への利用はなるべく避ける

一般的には「鋳鉄（cast iron）」という名称で呼んでいますが、正式

にはねずみ鋳鉄です。別名普通鋳鉄、銑（ずく）ともいわれます。ねずみ鋳鉄は、炭素量の多い鉄－炭素合金で一般的には2.5〜3.5％の炭素を含むものが利用されていて、炭素量が多く炭素が単独で晶出し片状（断面針状）のグラファイト（黒鉛）として組織上存在するのが特徴です。晶出した含有片状黒鉛は結合力が弱く、その形状が片状、または断面針状であるため、組織的にこの部分から割れが入りやすいという性質（欠点）があります。圧縮や単純引張強度は高いですが、靱性（耐衝撃性）が低いです。鉄系材料（鋳物）ではもっとも製作しやすく安価であるため、汎用弁の代表としてJIS B 2031「ねずみ鋳鉄弁　本体材料：JIS G 5501 FC200およびFC250」があります。水系流体では錆びやすいため、表面をナイロン樹脂などでライニング加工した防錆用途弁も販売されています。また、自動調整弁本体（弁箱）にも多く用いられている材料です。衝撃割れに弱いので、ガス体や可燃性流体への利用はなるべく避けてください。

　高圧ガス保安法でも鋳鉄バルブの適用は使用条件が制限されています。

3-6 バルブの材料「ダクタイル・マリアブル」

- ねずみ鋳鉄の耐靱性を大幅向上、割れにくいバルブを提供
- 鋳鉄弁の守備範囲を大幅拡大
- ダクタイル鉄で危険な高圧ガスもクリア

　球状黒鉛鋳鉄（代表例：FCD450-10）は「ノジュラー鋳鉄（nodular graphite cast iron）」とも呼ばれ、含有黒鉛が片状で割れやすい前節のねずみ鋳鉄（grey cast iron、FC200など）の靱性を鋼の値に近づけるよう改善した鋳物材料です。鋳鉄組織では片状であった含有黒鉛を球状に製作して金属組織的に割れにくくした強靱な材料で、強靱鋳鉄とも呼ばれています（図3-6-1(b)参照）。

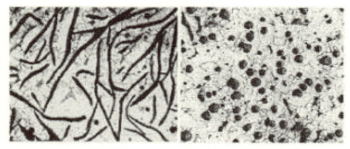

(a) ねずみ鋳鉄　　　　　(b) 球状黒船組織

図3-6-1　ねずみ鋳鉄（針状黒鉛組織）とダクタイル鉄（球状黒鉛組織）

　ウェハー形ゴムシートバタフライ弁などの汎用弁では、この球状黒鉛鋳鉄を本体の材料に適用しています。
　これに対して、燃料油系やガス、蒸気用への安全サイドでの対応目的でダクタイル**鉄鋳造品**（代表例：FCD-S 412-18）があります。ダクタイル鉄は球状黒鉛の組織構成（球状化率）を90％以上と規定し、さらに耐衝撃性面で安全化したもの（当然この衝撃性強度確認検査が必要になる）で、球状黒鉛鋳鉄とはグレードが異なるまったく別の材料です。どちらかというと、ボイラなどの圧力容器配管用や工業用途の仕切弁、逆止め弁、ボール弁（MDS弁）の本体に適用されています。球状黒鉛鋳鉄が材料規格のJIS G 5502に規定されていることに対して、ダクタイル鉄鋳造品はJISの材料規格には規定されておらず、現在はバルブ製品規格であるJIS B 2051「可鍛鋳鉄弁およびダクタイル鋳鉄弁」、JIS B 2032「ウェハー形ゴムシート中心形バタフライ弁」およびJV規格（の付属書）に規定されています。
　マレアブル鋳鉄は、ダクタイル鋳鉄と同じようにバルブやねじ込み形管継手の鋳物材料として小形弁を主体に多く用いられ、ダクタイル鉄鋳造品と同様に耐衝撃性（衝撃値）が規定された圧力容器用のマリアブル鉄鋳造品（FCMB 35-10 S）があります。ダクタイル鉄鋳造品とマリアブル鉄鋳造品は、ダクタイル鋳鉄・マリアブル鋳鉄とは異なる材料であることに注意してください。

3-7 強靭な鋼、鋳鋼・鍛鋼・低合金鋼

- 割れない強靭バルブを構成、高温・高圧に最適
- 強靭で厳しい条件に向いているが高価

　鋼とは、炭素鋼のことで、低合金鋼やステンレス鋼などの高合金鋼に対して普通鋼とも呼ばれ、Fe-C系（組織上フェライトやマルテンサイトと呼ばれる）の二元合金です。

　3-5節でねずみ鋳鉄は炭素量の多い鉄－炭素合金で一般的には2.5～3.5％の炭素を含むと説明しましたが、鋼は炭素含有量2.0％（重量）以下の鉄をいい、不純物として微量のケイ素、マンガン、リン、硫黄（炭素を含めて「鉄鋼5元素」ともいう）などを含みます。炭素のほかニッケル、クロムなどの合金元素を積極的に添加したものを合金鋼といい、炭素以外の元素を人為的に加えていないものを炭素鋼といいます。一般にバルブの素形材として利用される炭素鋼（鋳鋼SCPH2など）の炭素含有量は、0.3％程度です。鋼には炭素鋼のほか、低合金鋼や高合金鋼（特殊鋼）などがあり、表3-7-1にその区分を示します。

　炭素鋼は、割れやすい鋳鉄とは異なり炭素量が少ないことと炭素が鉄とがっちり合金を組織していることで強靭さが格段に高くなります（凹むが割れない）。このため管や管継手の本体材料（鋼管）はもちろん、車や機械、レール、RCの鉄筋、橋梁などあらゆる産業に広く利用されています。単体では、成分がほとんど鉄のため、腐食や酸化するので塗装やめっきなど適当な防錆処理を行って対策していることが一般的です。

　バルブの本体に鋼を用いる場合は、バルブが複雑な流路形状をしているため、一般に鋳物（鋳造法）で素形材を製作します。小形の素形材は棒材熱間鍛造により製作されることがあります。バルブの場合、前者を鋳鋼弁、後者を鍛鋼弁と呼んでいます。炭素鋼の製造はかなり難しく、鋳鉄やダクタイル鉄に比べるとどうしても高価になってしまうため、危

表3-7-1 鋼の種類区分

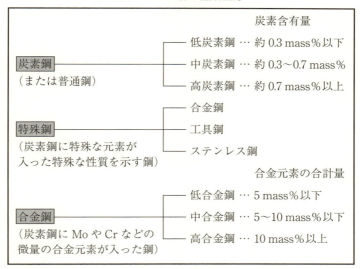

険性の少ない流体の配管ではコスト重視で「鋼管に鋳鉄弁」という組合わせ選定も多く見られます。

　炭素鋼製バルブは、一般に流体温度でマイナス29℃～350℃の範囲をカバーしますが、範囲外の高温域では引張強度の低下、低温域では衝撃割れ強さの低下を伴いますので、低合金鋼やステンレス鋼が採用されています。

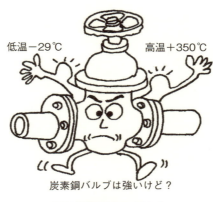

炭素鋼バルブは強いけど？

鋼は強靭でタフだよ！

3-8 ステンレス鋼は万能か?

- 耐食性の代表的材料ステンレス鋼、比較的高価
- 種類が多く性能もまちまち
- ステンレス鋼は錆びにくいが、けして錆びないわけではない

　ステンレス鋼は、クロムなど耐食性合金成分を総計で10.5％以上含んだ「高合金鋼」のことで、金属表面に数ミクロンの薄い不動態（化）被膜が形成され、これが鋼表面を錆（鉄の酸化）から守ります。ただし、ステンレスとは文字通り「stainless＝錆びにくい」という意味であって、けしてステンレス鋼が万能で錆びない材料ではないことを理解して使わなければなりません。

　ステンレス鋼にはいろいろな種類（組成・組織）・形態がありますが、一般に18Cr-8Niと呼ばれる304系のクロム18％、ニッケル8％を含有したオーステナイト系ステンレス鋼が耐食性に優れ、流し台や鉄道車輌など配管材料に限らず国内のいたるところで標準的にきわめて多く利用されています。炭素鋼と比べると高価な金属を26％も含んでいますから、素形材価格は比較的高価になります。ちなみに、東南アジアなどでは、304系に少量のMoを添加した316系（日本では特殊材）の方が標準的に流通しているなど、お国柄の違いがあります。Moを少量添加すると、耐塩性（海水など）がやや向上します。

　ステンレス鋼には、部品・鍛造用途に棒材を、鋳造用途に鋳物材を適用しますが、18-8系の適用規格はJIS G 4303ステンレス鋼棒（SUS304）、JIS G 5121ステンレス鋼鋳鋼品（SCS13A）です。

③-⑨ 低温はステンレス鋼で

●ステンレス鋼は低温域で脆性劣化が少ない
●ステンレス鋼は錆びにくいだけではない別の使い方も

❸-❼節で説明した炭素鋼は、流体温度マイナス29℃（高圧ガス保安法ではマイナス5℃）までしか使えません。これを下回る低温、超低温、極低温域ではステンレス鋼にする必要があります。ステンレス鋼は低温域で脆性低下が比較的少ない材料とされているからです。マイナス162℃のLNG（液化石油ガス）などにステンレス弁を利用するのは、耐食性ではなく耐低温性を実現しているからなのです。表3-9-1に低温域で

表3-9-1　各種ガスの沸点（液化点）と対応するバルブ本体材料

液化ガスの沸点〔℃〕			材料区分名称
0	氷点		低炭素アルミキルド鋼
	−0.5 ブタン（ライター）		
	−33.4 アンモニア		
−50	−42 プロパン（LPG）	−45	0.5％Ni鋼
		−60	2.5％Ni鋼
	−78.5 二酸化炭素（昇華）	−75	3.5％Ni鋼
−100	−103.7 エチレン	−101	
−150	天然ガス		5％Ni鋼
	−161.5 メタン		チタン・チタン合金
			アルミニウム
			銅
			9％Ni鋼
	−183.0 酸素		オーステナイト系ステンレス鋼
	−185.7 アルゴン		
−200	−195.8 窒素	−196	
−250	−252.7 水素	−253	オーステナイト系ステンレス鋼
			アルミニウム
			銅
			低炭素オーステナイト系ステンレス鋼
−273	−268.8 ヘリウム	−269	

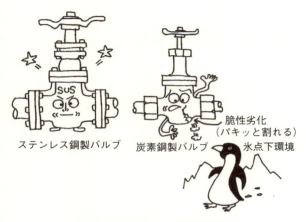

ステンレス鋼製バルブ　炭素鋼製バルブ　脆性劣化（パキッと割れる）　氷点下環境

低温にはステンレス鋼が出番！

の流体の種類・温度とバルブの本体材料選定を示します。

3-10 異種金属接触腐食発生と対策

- バルブ特有のガルバニック腐食現象、金属の固有電位差
- 鋼管に青銅製バルブを取り付けるとき注意

　異種金属接触腐食とは、水などの電気的な導体流体を流す配管において、配管材料が異種金属同士の接触接合をした場合、異種金属間の固有電位差により電気化学的な局部腐食現象を生ずることです。

　異種金属接触腐食は、水などの電気的な導体流体（電解液）を流す配管において、異種金属が電気的に接している（通電）時に、電気化学的に「卑な方の金属」の腐食が促進され「貴の方の金属」の腐食が抑制される局部腐食現象です。「ガルバニックコロージョン（galvanic corrosion）」とも呼ばれる方が一般的です。昔、中学・高校の化学の授業で実験したボルタの電池（図3-10-1）の「配管バージョン」と考えてもよいです。

当然のことながら、流体が海水や温泉水、化学水溶液などの電解性が高い方（例：バッテリの電解液）が純粋な水よりもこの腐食現象はより顕著に生じます。また、電気化学的反応であるので、温度が高い（温水）場合、反応がより活性化してより腐食進行が顕著になります。

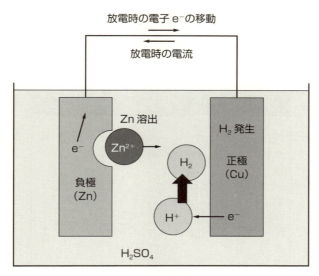

図3-10-1　ボルタの電池イメージ

ボルタの電池は局部腐食現象

異種金属接触腐食は、水系配管だけでなく、建築物の屋根など水（雨）と金属製屋根材との間でも発生します。各種金属の標準電位（腐食しやすい順）を**表3-10-1**、**図3-10-2**に示します。おおよそ高校の化学で習った「かりかるなまぐあてにすなひどすぎるしゃっきん」の順になります。

配管材料に利用される合金にも、個別の金属と同様、固有の電位をもっており、配管として構成されて異種金属が接触するとこの電位差に

表3-10-1　各種金属の標準電位（腐食しやすい順）

金属	電極反応	標準電極電位 [V] (at 25℃)	
金	Au → Au⁺ + e	1.68	↓
白金	Pt → Pt⁺⁺ + 2e	1.2	
パラジウム	Pd → Pd⁺⁺ + 2e	0.83	
銀	Ag → Ag⁺ + e	0.800	
銅	Cu → Cu⁺ + e	0.522	イオン化しやすい
銅	Cu → Cu⁺⁺ + 2e	0.345	（腐食しやすい）
水素	H₂ → 2H⁺ + 2e	0.000	
鉛	Pb → Pb⁺⁺ + 2e	−0.126	
すず	Sn → Sn⁺⁺ + 2e	−0.136	
ニッケル	Ni → Ni⁺⁺ + 2e	−0.250	
カドミウム	Cd → Cd⁺⁺ + 2e	−0.402	
鉄	Fe → Fe⁺⁺ + 2e	−0.440	
クロム	Cr → Cr⁺⁺⁺ + 3e	−0.71	
亜鉛	Zn → Zn⁺⁺ + 2e	−0.762	
アルミニウム	Al → Al⁺⁺⁺ + 3e	−1.67	
マグネシウム	Mg → Mg⁺⁺ + 2e	−2.34	
ナトリウム	Na → Na⁺ + e	−2.712	
カリウム	K → K⁺ + e	−2.922	↓

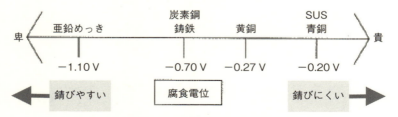

図3-10-2　各種金属の標準電位（腐食しやすい順）

応じて腐食が起こります。

　バルブ設置でこの腐食が生じやすい組合わせは、一般の水系配管に利用される鋼管と青銅製バルブ、およびステンレス鋼管と鉄系バルブとの組合せです。

　前者の組合せでは**鋼管が卑**な金属で腐食進行しますが、管内面が前出の全面腐食の場合は、量・時間ともそれほど問題になりません（❸-❷節参照）。しかし、鋼管の内面を樹脂でライニング施工して管用ねじ施工すると、輪切りにした管先端の管端部はきわめて小さな面積の鉄地金が水中に露出するため、このねじ部分が集中的に局部腐食して、短期にトラブル（赤水やねじ欠損・漏れ）となることが知られています。このため、現在ではバルブに「管端防食コア」を設けて管端部が水中に露出しないよう改善した構成を用いています。この場合、管継手は管と同一材の鋼、またはマレアブル鋳鉄製（腐食電位は同じ）ですが、念のためバルブと同様にコアにより管端部の赤水発生対策を実施しています。

　これとまったく逆のケースで後者の組合せ、ステンレス、または銅系の配管内に鉄系バルブを設置した場合（❷-⓭節「管種による制限（2-13-1）」参照）では、今度は**バルブが卑**な金属となり腐食が進行します。異種金属接触腐食は、配管内の流体への金属露出面積比によっても変化することが知られており、管とバルブとの面積比は、あたかも太平洋と小島との関係になり、少ない面積のバルブに腐食が局部集中し進行は顕著です（❸-❷節参照）。このケースを見かけたら即座にバルブを「管より貴なまたは同等の金属製」または温度的に問題なければ「ナイロンライニング弁（60℃以下）」に交換することをお勧めしています。特に給水系や給湯系ラインでは、数年の後にはバルブが錆びて錆びこぶによる閉塞または作動不良になる可能性が高いからです（4-1-1項事例参照）。

　どうしても異種金属接触腐食が発生するような配管をせざるを得ない場合の対策としては、「絶縁継手」を用いて、異種金属間の電気的な接続を切ってしまうことですが、トラブル報告事例では必ずしも絶縁継手（図3-10-3参照）を用いた方法が万全であるとはいいきれません。

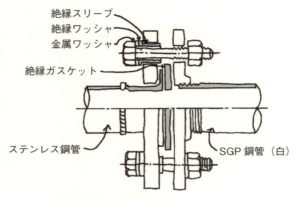

図3-10-3　異種金属接合例（フランジ形）

3-11 管端防食コア内蔵形青銅バルブ

> **Point**
> - 樹脂ライニング鋼管ねじ管端を錆びから守る青銅バルブ
> - 管端露出部を錆びから守る対策「コア」

　鋼管のねじ端部の錆びも、前節の「異種金属接触腐食発生と対策」と要因はまったく同じです。

　このケースは、管とバルブの材料関係が前節とは逆のケース、すなわち鋼管が卑で青銅製バルブが貴です。当然、貴なバルブはまったく錆びません。卑な鋼管が錆びるケースです。管が鋼管（SGPなど）では、青銅製バルブと異種金属接触になっていて水系では腐食が発生しています。この腐食は鋼管内面の全面腐食となるため、管が太平洋、バルブが小島の関係となり、管の腐食は「広く・薄く・全面に」なるため、腐食の進行はきわめて遅く、予定した耐用年数を経るまで、問題にならないケースが大半を占めます。

　しかし、鋼管が樹脂ライニングとなると途端に腐食の関係が逆転します。すなわち、鋼管の内面は錆びない樹脂ですべてライニングされて覆

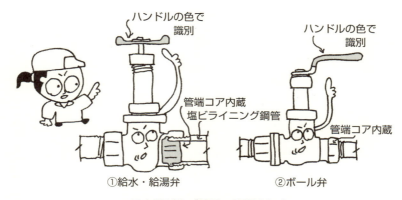

コア内蔵バルブ使用、確認よし！

われてしまうので、配管系のほとんどの面積を占める管内面は水に露出しません。ただねじを加工したドーナツ状の端面（切り口）のみ、水に露出することになります。この部分の面積は今度は青銅製バルブと比べると管が小島、バルブが太平洋の面積比となるため、局部腐食してトラブルに至ることが多く発生しました。そこでバルブのめねじに管端防食樹脂製コアを装着して管端面を接液しないように改善したバルブ、すなわち「管端防食コア内蔵青銅バルブ」が開発されました。

　現在では、このバルブを採用した場合、ほとんどトラブルは報告されていないため、選定（❷-⓭節「管種による制限（2-13-2）」参照）を確実に行えばトラブルは防ぐことが可能です。ねじ込み配管は、配管作業後内部にはコアが装着されているかどうかは外部から確認できませんので、バルブの仕様銘版やハンドル色識別で確認しましょう。

❸-⓬ 樹脂弁で高温流体にはHI塩ビを

Point
- 低温や高温に弱い普通塩ビ製配管材には耐熱用ハイインパルス材を適用
- 低温での耐衝撃性を改善

最近では、樹脂製の配管材料も大量に用いられるようになりました。特に硬質ポリ塩化ビニル製の管、管継手、バルブも海水、化学、畑灌、湖沼、建築設備給水・給湯などに広く用いられています。この管の特長は耐食性、軽量、接合が容易（テーパソルベントTS工法と呼ばれる接着法）にあります。

金属（銅合金）製バルブの接続端を塩ビ管を直にTS接続できるように製作した給水用の専用弁も販売されています。

塩ビ管の弱点は、耐衝撃性（割れ）と対候性といわれています。ハイインパルスと呼ばれる強化材を利用することで対策は可能です。

樹脂管では、塩ビに加えて水道や燃焼ガスではポリエチレンが、建築給排水ではポリエチレン、ポリブテン、複合三層管が飛躍的に利用され配管の省力化・省人化工法に活躍しています（**図3-12-1**）。

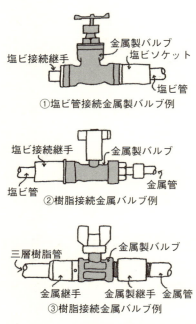

図3-12-1　樹脂接続の金属バルブ例

3-13 ゴム材料と腐食

- バルブのシール材としては、優れているゴム
- ゴムは流体を選ぶので、見きわめて選定

　建築設備などでは、水用一般バルブとしてゴムシート中心形バタフライ弁が多く用いられています。1990年代には、本体材料がそれまでの鋳鉄に加えてアルミ合金製のものも発売されました。アルミ合金製ゴムシートバタフライ弁は、きわめて軽量でコンパクトであるため、配管現場へのロジスティクス（搬送性）に優れていることに加えて、冷温水仕様として「保温用ロングネック」や「結露防止機構」を備えており、建築設備配管には大量に利用されています（図3-13-1参照）。

　ゴムはバタフライ弁のシートやバルブグランド部のOリングシールなど優れたシール材として利用されています。適度に軟らかいのでシール性が良く、多少の異物を噛み込んでもシール性が落ちないなどバルブにはなくてはならない材料になっています。しかし、耐温度性、耐食性などで流体を選ぶため、その相性には注意を払わなくてはなりません。

　特にゴムシート中心形バタフライ弁では、ゴムシート材料がバルブの封止性・耐久性を左右するため、流体に適正な材料選定は重要です。

　一般にバルブシール用に用いられるゴム材料は、EPDM、FKM、

図3-13-1　本体アルミ合金製ゴムシート中心形バタフライ弁

NBRの3種が主として適用されます。

　給湯ラインでは、流体中の溶存塩素や酸素、熱影響などの各種腐食要因（業界ではトリプルアタックと呼ぶ）によりゴムシートが溶解破損する「黒水」発生現象のトラブルが1990年代にしばしば現出したため、現在では、メーカは改善した給湯対策ゴム材料（FKMフッ素ゴム製など）給湯専用ゴムシートを備えたバタフライ弁を製造販売しています。また、給湯に限らず、給水においても、高濃度の洗浄・殺菌用塩素を含んだ受水槽の清掃水をゴムシートのバルブに一時的に流す事例があり、給湯と同様の注意が必要になります。さらにゴムの温度範囲を超えた場合など、メーカでは耐温度性、耐食性に優れた四フッ化エチレン樹脂製シートステンレス製本体の二重偏心形バタフライ弁も品揃えして、バルブの設置場所が貯湯槽の出口や熱源近くのより厳しい温度条件下でも対応できるよう選定の幅を広げています。使用条件を精査して、条件に合致したバルブ選定を行ってください。給湯のほか、流体とゴム材料との相性は、**表3-13-1**に示すように選定に配慮してください。

表3-13-1　流体によるバルブのゴム材料適応可否例

用途、流体	(○)使用可材料	(×)使用不可材料	備　考
一般の給水や空調・消防用水など	EPDM		NBR、FPMも可
給湯および高濃度塩素水（プール）	FKM	EPDM、NBR	
給湯機出口、貯湯槽（高温水）	PTFE（テフロン®）	EPDM、NBR	条件によりFPMでも可
燃料油・油分を含む空気・窒素ガス（常温）	NBR	EPDM	油分を含まない空気はEPDMでも可

第4章

バルブのトラブル事例と対策
（手動弁編）

　バルブのトラブル発生要因にはいろいろありますが、"腐食"現象がその要因になっていることが多くあります。特に水でも錆びやすい鉄系の材料（鋳鉄、ダクタイル、鋳鋼、鍛鋼）などは、汎用流体の水や空気などでも錆びてバルブのトラブルを誘発することが多くあるのです。
　ここでは流体・バルブ材料・腐食の観点から、トラブル事例とその対策を見てみましょう。

4-1 腐食に起因するトラブル

4-1-1 鋳鉄バルブの錆び付きによる開閉不能

Point
- 異種金属接触腐食による鉄系バルブの錆び付き、閉止不全
- ステンレス配管中に鉄系バルブを設けない

❌ どんなトラブルか

水系流体でステンレス配管に設置した鋳鉄製仕切弁が短期間（2年間）で錆び、閉止しようとしたところ完全に閉止することができない。

❓ その原因は

弁座・弁体摺動部に錆や錆こぶによる障害で作動トラブルになった。ステンレス配管系に鉄系バルブを設置した場合は、異種金属接触腐食が発生し、両者間の面積比でバルブ側の錆の進行が顕著となり「錆こぶ」発生に至った。

（a）錆び付いて開閉不能となった仕切弁

（b）ステンレス鋼管の方はもらい錆程度（錆びていない）

図4-1-1

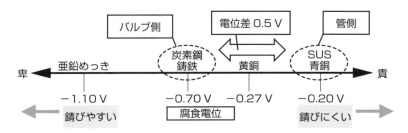

図4-1-2　各種金属の標準電位（腐食しやすい順）

その対処法

　水系配管では、原則バルブ材料は管材料と同等、もしくは腐食レベルで貴（錆びない）の材料とします。どうしても逆レベルの材料（バルブが卑）の配管をせざるを得ない場合は、絶縁フランジなどを用いた電気絶縁処理（電位差を打ち消す）を行いますが、必ずしも完璧な方法とはいえません。

　この場合は、鋳鉄製仕切弁をステンレス鋼製仕切弁（腐食性で管と同レベルの材料）に交換します。または代案としてナイロンライニング鋳

鋳鉄弁は、ナイロンライニングなどを適用する
(a) ナイロンライニング　　(b) ステンレス弁
　　鋳鉄弁

図4-1-3

鉄製仕切弁（ただし、給湯用には利用できません）など錆びないバルブも選択肢としてはあります。

> **心得**
>
> 　水系流体での利用で、ステンレス鋼管や銅管の配管中に腐食しやすい"鉄系のバルブ"を設置している例を見かけたら、短期間で局部腐食する可能性がありますから、すぐにステンレス鋼製バルブに交換してください。
>
> 　バルブの材料は原則、管や継手と腐食レベルで同一か、もしくは"貴"な材料とします。流体が"ただの水だから"とあなどってはいけません。当然水で錆びるのですから、流体がさらに腐食性の高い水溶液（酸・アルカリ）や海水などの場合は、鉄系のバルブの利用は避けてください。18-8系ステンレス鋼弁とすべきです（7.1.17項参照）。

4-1-2　鋳鉄仕切弁の錆こぶの溜まりによる開閉不能

- 錆こぶが溜まりすぎて開閉できない
- 仕切弁を逆吊り配管しない

✕ どんなトラブルか

　冷水系で逆吊り配管設置した鋳鉄製仕切弁が開放しようとしたところ完全に開放することができない。

？ その原因は

　堆積物（錆こぶ）で弁体の閉止動作が阻害され作動不良となったものです。原因は水平配管で"天地逆吊り"を行ったことにあります。

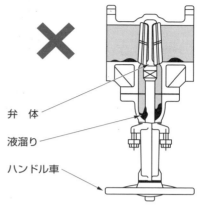

図4-1-4　24時間使用の冷水仕切弁の腐食事例（出典：バルブ技報）

図4-1-5　天吊り配管（姿勢）を禁じている（取扱説明書）

弁体
液溜り
ハンドル車

その対処法

　対策としては、天地逆吊りを避けるか（横向きなどにする）定期的に分解清掃することです。バタフライ弁には液溜りがないので、これに交換することも考えられますが、いずれにしろ逆吊り配管は避けてください。バルブ材料をステンレス鋼製に変更して発錆を防げば、このケースでは何らかの改善にはなるでしょう。

心得

　メーカの取扱説明書によれば、バルブを逆吊り配管することは原則不可としています。ギヤ操作機付や電動操作機付自動弁も操作機内部の潤滑油の流れ出しトラブルを生じることがあるため、原則逆吊り配管は禁止となっています。配管設計時に考慮しましょう。

4-1-3 管のねじ端部の腐食による外漏れ、閉塞

> **Point**
> ● 管端部の錆び付きによる管ねじの破損・管の閉塞
> ● 樹脂ライニング鋼管用の青銅バルブは管端防食コア付とする

✕ どんなトラブルか

内面樹脂ライニング鋼管は、内面を塩化ビニル樹脂やエチレン樹脂でライニング施工したもので、管単独では内面の錆び発生対策は果たしている。しかし、ライニングが及ばない鋼管の「ねじ込み部管端」に錆びが集中して発生し、赤水の発生や鋼管ねじが腐食折損したり管端が錆びで閉塞したりするなどトラブルが発生した（図4-1-6参照）。

（a）ねじが欠落した　　（b）管端から錆びを　　（c）錆こぶが形成さ
　　ライニング鋼管　　　　発生したコアなし　　　　れたライニング
　　　　　　　　　　　　　青銅製バルブ　　　　　　鋼管

図4-1-6　コアなしバルブにおけるライニング鋼管配管系腐食トラブル事例

❓ その原因は

❸-❿節で説明した「異種金属接触腐食」が青銅製バルブに接する鋼管の管端部に発生したもの。

❗ その対処法

このトラブルに対応して管端防食（コア付）管継手、および管端防食

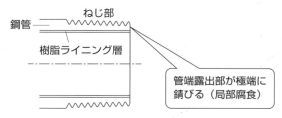

図4-1-7 ねじ込み形樹脂ライニング鋼管の管端露出（腐食トラブル）

コアを有した専用バルブも発売された。現在では、給湯用塩ビライニング鋼管も併せて、給水・給湯設備におけるライニング鋼管配管用の専用バルブとして認知され利用されています。

図4-1-8に管端防食コア付バルブのコア部構造を示します。

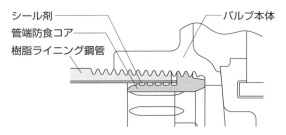

図4-1-8 管端防食コア付バルブのコア部構造例（給水用）

このコアの有無は、配管後では確認することができないため、メーカではこの専用仕様を「ハンドル色の識別」をもって表示しているので、コアの有無を確認できない配管後でもバルブの適非を確認できます。

心得

樹脂ライニング鋼管には、必ず専用の管端防食コア付青銅バルブを選定します。給水用と給湯用の2種類があるので混用しないよう注意してください。なお、給水用には2種類の樹脂ライニング鋼管（樹脂がポリ塩化ビニルとポリエチレン）が販売されていますが、専用のコア付バルブは両者の給水用管に共用で対応しています。

4-1-4 ゴム材料の腐食・劣化によるシート漏れ、黒水発生

Point
- 給湯・高塩素水ではEPDMの劣化、黒水・黒色異物の発生がある
- 給湯・高塩素水には高塩素対策ゴムを適用する

✕ どんなトラブルか

給湯または給水やプールなどの高塩素水に、EPDM製ゴムシートのバタフライ弁を使用したところ、ゴム材料の劣化、硬化、剥離などによる黒水・黒色異物が発生してトラブルとなった。飲用水を提供する給水・給湯設備ではあってはならない不具合である。また、ゴムのシート表面が硬化したり粗れたりするとバルブのシート漏れを生じる。

図4-1-9　ゴムシート表面の劣化・剥離

❓ その原因は

❸-⓭節「ゴム材料と腐食」で説明しましたEPDMに劣化や硬化による表面剥離、あるいは結合剤の黒鉛が遊離し、黒色異物が剥離したり黒水となったりして流れ出たもの。ゴムシートの表面は荒れているため、シート漏れを生じます。

実験により状況を観察したところ、EPDMでは黒水が発生しましたが、FKMフッ素ゴムでは黒水の発生はありませんでした。

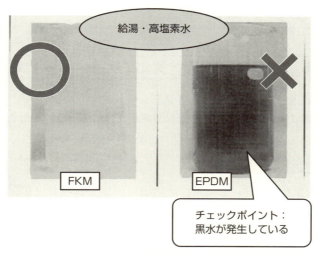

図4-1-10　給湯・高塩素水への浸漬によるゴム材料の劣化試験

❗ その対処法

　FKMフッ素ゴムまたは耐塩素性を有している特殊なEPDMなどの専用に改良したゴムシートのバルブを採用します。市場で販売されている給湯用の専用バルブは"給湯用"または"耐塩素用"などと（ゴムシート材料）仕様が明示され、ハンドル色も給水用の一般品と識別されています。

心得

　給湯用はもちろん、プールや温浴施設水、雑用水など残留塩素が多い水は耐塩素性を明示したゴム材料のバルブや管継手とします。シール部品にゴム材料を利用している薄肉ステンレス鋼管用のメカニカル

継手や、ハウジング継手など、シールにゴム材料を使用しているものもバルブと同様にゴム材料の選定には注意を払わなければなりません。ゴム材料はシール性が良いなどの利点もありますが、耐食性や耐熱性など弱点にならないように選定に注意しなければなりません。

4-1-5 ゴム材料の腐食・劣化によるシート漏れ

Point
- 油脂分によるEPDMの劣化、シート漏れ
- 油にはNBRを用いる、圧縮空気ラインでも油脂分が出るので注意

✗ どんなトラブルか

燃料油ラインに誤って設置したEPDM製ゴムシートバタフライ弁のシートが膨潤してバルブの開閉操作ができなくなった。設置場所がタンカーの設備であったため、バルブ交換修理のためタンカーの次の寄港地まで追っかけて行った逸話（笑い話）が残されている。

? その原因は

❸-⓭節「ゴム材料と腐食」で説明しました鉱物油系流体によりEPDMに劣化や膨潤が発生し、シート漏れや操作トルクの増大による開閉操作不能になったもの。

図4-1-11　膨潤によるEPDM製ゴムシートバタフライ弁の破損事例

🛈 その対処法

EPDMやFKMは水系に対しては良好なシール性を示しますが、鉱物油系流体への適用はさけてください。耐油性がある、NBR製ゴムシートのバルブを選定しましょう。

> **心得**
>
> 鉱物油系流体にはNBRゴム材料を適用します。条件によっては、ゴム材料そのものが適用できないケースもありますので、流体との相性をよく精査してください。
>
> 圧縮空気圧ラインではEPDMゴム材料は適用可能ですが、実際にはこのラインで潤滑油を噴霧して入れていることが多くあり、油系流体と同じ症状が出ることがありますので、念のため耐油性があるNBRとした方が安全です。

4-1-6 異物付着によるボール弁、バタフライ弁の開閉不能

- 温泉水による弁体への異物付着による操作トルク増大、開閉不能
- 定期的に作動させ異物の付着を防ぐ

✕ どんなトラブルか

温泉水ラインに設置したボール弁の開閉操作トルクが増大して開閉操作が不能になった。

❓ その原因は

長期間開閉操作を行わずに放置し、流体に含まれるシリカ系の異物がボール弁の弁体表面に付着した。操作トルクが増大し、ついには作動不良となったもの。付着物を落とすと本来の性能に戻りました。

第4章

図4-1-12　異物が表面に付着したボール弁の弁体トラブル例

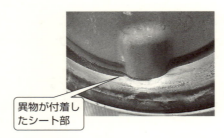

図4-1-13　異物が付着したゴムシートバタフライ弁の事例

❗その対処法

　対策としては、定期的にバルブを作動（弁体を摺動させる）させて付着物を落とすことです。なお、弁体（シート表面）の材料は可能であれば黄銅製＋めっき品よりステンレス鋼（めっきなし、一体）の方が温泉水に対する防錆力が高いです。錆びると肌が荒れて付着しやすくなるからです。

心得

　温泉水（硬水の場合）には酸化カルシウムなどのシリカが多く含まれていることがあり、時間の経過とともにバルブ摺動部などに付着することがあります。管や管継手内部への付着は管内径が相当閉塞されるまでは問題になりませんが、バルブにはシールのための"可動部"や"シート"がありますから、トラブルになることがあります。通常

より短期間でのメンテナンスを心がけましょう。

なお、海水や河川湖水も貝や藻類の生物系付着物により作動トラブルとなるケースが報告されていますので、このケースと同様注意しましょう。

4-1-7 黄銅バルブの応力腐食割れ

- 埋設設置した黄銅製バルブが割れて漏れた
- 設置する環境が悪い場合は、黄銅製バルブは使わない、青銅製を適用する

❌ どんなトラブルか

埋設ピット内に設置した黄銅製ボール弁の管接続部に割れが発生し、外部に漏れた。図4-1-14に「応力腐食割れ」トラブルを発生した黄銅製ボール弁を示す。

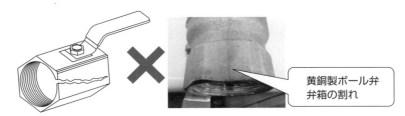

図4-1-14 「応力腐食割れ」トラブルを発生した黄銅製ボール弁

❓ その原因は

特にアンモニアが介在する雰囲気や"地中埋設"に近い雰囲気（多湿、迷走電流など）にバルブを設置したため、黄銅材料特有の「応力腐食割れ」を発生し、トラブルになったもの。

第4章

> ⚠ **その対処法**

黄銅製バルブはコストパフォーマンスに優れていますが、耐食性では青銅に劣ります(❸-❹節参照)。特に"応力腐食割れ"と呼ばれるトラブルを生ずることが多くあるため、バルブを"埋設"など悪い雰囲気に設置する場合は、青銅製、またはステンレス製とします。埋設設置の場合、青銅は応力腐食割れを発生しません。

> **心 得**
>
> 黄銅バルブは一般に"棒材"から熱間鍛造で本体を製造します。棒材は成形工程で軸線方向に細く長く延されますので"竹"のように縦目方向に割れやすい特性をもともともっています。その棒材を鍛造でさらに軸線方向に引き延ばすことが割れやすい要因となっています。
>
> トラブルが発生した場合、バルブを容易に交換できない建築設備配管においては、水系一般配管でも黄銅製バルブを適用禁止にしている専門設備設計施工業者も多くいます。国土交通省標準仕様書ではバルブ材料として黄銅は認められていません。
>
> なお、埋設設置用途にはハンドルの耐食性やパッキンの増し締めを不要とするなど利用上の仕様を特に考慮した"埋設専用"の青銅バルブも販売されています(7.1.4項参照)。

❹-❷ 流れや圧力に起因するトラブル

　流体を制御する役目のバルブでは、流体の流れ方や圧力のかかり方でトラブルとなる現象も少なくありません。ここでは、流体の挙動に起因するトラブル事例を見て行きましょう。
　配管内では複雑な流路を構成している機器のバルブはもちろん、ショートエルボや拡大レジューサなどの管継手でも"流れの乱れ"を発生し

損失水頭が小	損失水頭が大	解説
ロングエルボ 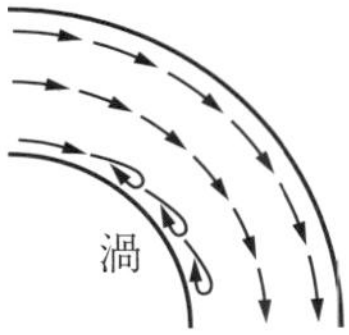	ショートエルボ（偏流、二次流れ（エルボ断面）、渦、渦流） 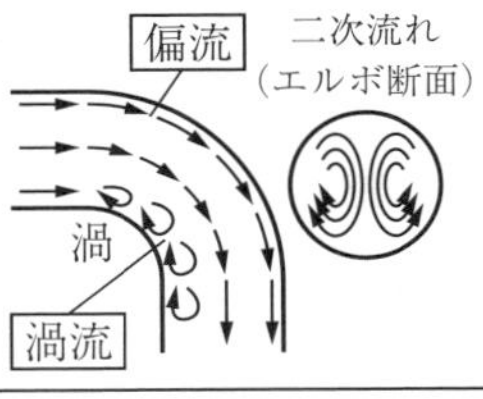	エルボの曲げ半径の小さい方がより強い二次流れにより、激しい渦ができるので、損失が大きい
ラテラル 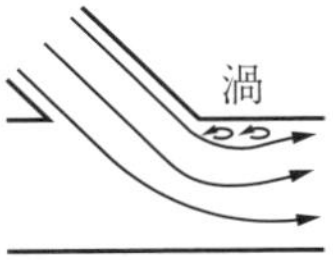	Tピース 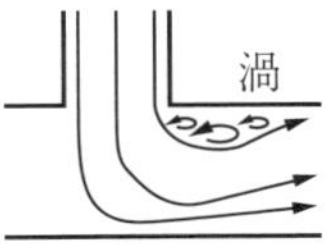	ラテラルの方が流れがスムースに母管に流入し、渦の激しさが小さい
縮小レジューサ 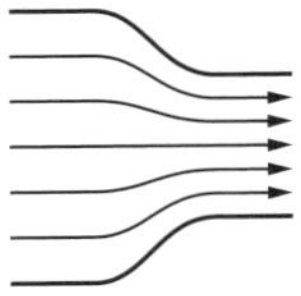	拡大レジューサ（渦、偏流、渦、渦流） 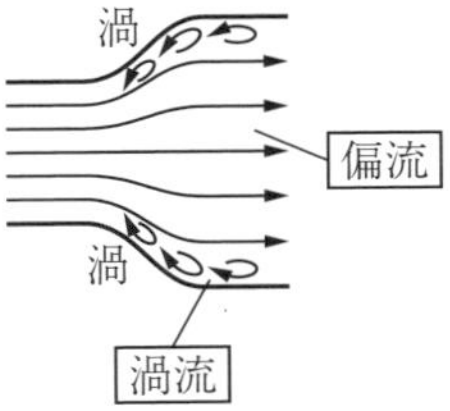	縮小レジューサは拡大レジューサと逆で、下流の静圧が下がり、流れやすくなるので、圧力損失は小さい 拡大レジューサは下流で流速が下がるので、静圧が上流側より高くなり、壁付近で逆流を起こし、損失が大きくなる

図4-2-1　管継手に生ずる偏流や渦流（出典：絵とき「配管技術」基礎のきそ）

ています。配管設計では、"偏流"と"渦流"という用語で説明されています（図4-2-1参照）。

　偏流とは、管やバルブ内部で流速が断面で不均一になる状態をいいます。

4-2-1 偏流によるバタフライ弁の開閉不能

Point
- エルボの直後にバタフライ弁を設置しない
- エルボ直後につけざるを得ない場合、偏流アンバランスを防ぐ方向に設置

✖ どんなトラブルか

水系流体でエルボの直後に配管設置したゴムシート中心形バタフライ弁のハンドル部がゆるんでしまい、開閉操作不能になった。

❓ その原因は

エルボ継手の内側と外側では流速は相当異なります。これを偏流といいます。エルボの通過流で弁体にアンバランスな力が加わると、異常な振動を生じることがあり、ハンドルがゆるんで開閉操作が不能になったものです。

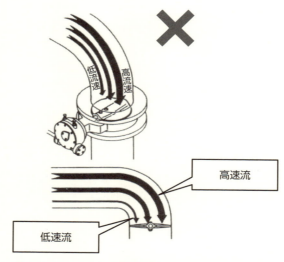

図4-2-2 エルボの通過流でバタフライ弁の弁体にアンバランスな力が加わる

❗ その対処法

　バルブ設置位置を偏流の影響を受けないエルボの前にするか、エルボの後ろに十分な長さ（5 d 以上）の直管部を設ける。配管上やむを得ない場合は、流速がアンバランスにならない方向、弁棒（ステム）をエルボの外側向きに変更する。

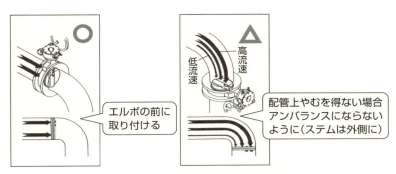

図4-2-3　エルボの直近に止め弁を設置する場合の方法

> **心得**
>
> 　バルブは上流の流れの乱れに大いに影響を受けることがあります。バタフライ弁や逆止め弁は、特に影響を受けやすいバルブです。原則バルブをエルボやレジューサの下流に設置しないようにしてください。配管上やむを得ず下流にバルブを設ける場合は、エルボやレジューサから十分な長さの直管部を設けましょう（7.2.14項参照）。

4-2-2　偏流・渦流による逆止め弁の開閉不能・破損

 ● レジューサ拡大の直後に逆止め弁を設置した、大きな振動の発生による摩耗
● バルブ手前に直管部を設けて偏流・渦流の影響を排除

第4章

❌ どんなトラブルか

水系渦巻ポンプの出口に拡大レジューサを設け、3サイズ拡管設置したウェハー形逆止め弁が数年でばねの折損、弁体の脱落、ピン穴の異常摩耗など、原形をとどめないレベルで破損した。

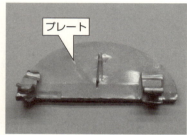

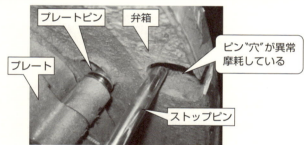

図4-2-4 ピンが揺動し弁箱の穴が異常摩耗

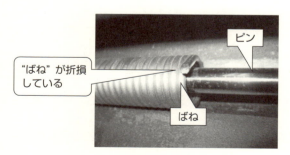

図4-2-5 ばねが折損

❓ その原因は

渦巻ポンプの出口には、一般に逆止め弁と止め弁が連続して設けられます。水系流体の配管内流速はほぼ決まっていて、おおよそ1〜3 m/secですが、ポンプはきわめて高速で吐出するため、ポンプの出口では2〜3サイズも拡管する配管設計がごく普通に行われています。ポンプの出口付近では流れはきわめて乱れています。さらにこの部分で配管を急拡管すると、大きな偏流や渦流を生じて配管内の流れ状態が悪化します。特に3サイズも急激な拡管（例：100 A ⇒ 200 A）すると流れは相当乱れます。この流れの状態に逆止め弁を設置すると、開状態で弁体があおられて細かなフラッタリングやチャタリングを常時生じます。逆止め弁は、正流（全開）時は常にこの状態にさらされるので、耐用開閉作動回数をはるかに超えてばねの折損、弁体の脱落、ピン穴の異常摩耗などバルブトラブルを生じます。

❗ その対処法

前項で発生している偏流や乱流は、配管の直管部を長く設けることにより次第に整流状態に戻ります。必要とされる直管部の長さは、図4-2-6

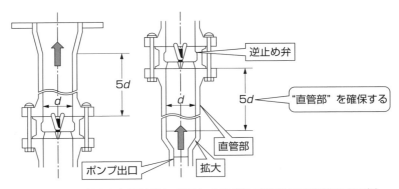

図4-2-6　逆止め弁配管時に必要とするバルブ前後の直管部長さの例
　　　　（3サイズ拡管）

右のように約 $5d$（管の内径 d の 5 倍）以上を確保すればよいことが実験などにより知見されています。2 サイズ拡管では、約 $3d$ 以上必要です。

> **心得**
>
> 　ポンプの出口付近では、流れがきわめて乱れています。逆止め弁の耐用を延ばすためには、可能であればポンプ出口から暫時直管部を配して整流化を図ってください。
>
> 　バルブ部品が破壊されるようなトラブル時には、何らかのサインが事前に現れることがあります。異常振動、異常騒音など常時と異なる現象に注意を払ってください。しかし、ポンプの直近上部ではうるさくてなかなか振動や音を検知できないことも多くあるため、比較的身近なスパンで定期的な点検を行ってください（6-❶および6-❷節参照）。
>
> 　特に大形のバルブでは、バルブ内部の異常摩耗や破損などを外部から簡単に見ることができないことが通例ですから、内視鏡（スコープ）などを挿入できる横穴をバルブの近傍にあらかじめ設けておくなどの工夫も実施してみてください。
>
> 　逆止め弁は全開時に常に可動部が動いていますから、バルブの寿命は止め弁と比べると極端に短いことが予測されますので早めの点検や保守、交換を行ってください（6-❺節参照）。

4-2-3　流量不足による逆止め弁のチャタリング・シート漏れ

- 開口圧力や正流量の不足でチャタリングしシートがキズ付き漏れた
- 適正流量の配管サイズに変更する（レジューザで縮流して取り付ける）

❌ どんなトラブルか

　逆止め弁がシート漏れしたのでシートを調べたところ、金属シート面に打ちキズが付いていてこれが漏れを生じていた。

❓ その原因は

逆止め弁は正流で使用しているときは、常に弁体が開いている(バルブが開)状態にあります。止め弁とは異なり逆止め弁の開度位置は流量の変化や流れの状態によって頻繁に移動しています。適正な流量であれば問題ないのですが流量がきわめて少ない場合は、微開位置で弁体が開いてはすぐ閉じる動きでシートを打ち付ける"チャタリング"を発生します。この状態が続いて金属シート面に打ちキズが付いて、それにより漏れを生じたものです(**図4-2-7**参照)。

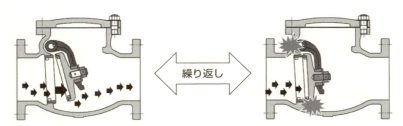

図4-2-7　過小流量に起因するスイング式逆止め弁の損傷事例

❗ その対処法

使用(常用)流量が少ないことが原因ですので、適正流量に増加してください。これができないときは逆止め弁のサイズを縮減して設置します。または、早期の交換が必要になります。ヒントとして逆止め弁の構造・

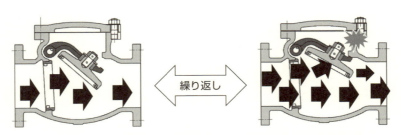

図4-2-8　過大流量に起因するスイング式逆止め弁の損傷事例

種類を変えてみたり、ソフトシートに換えてみたりするなども試してみる価値はありそうです。

なお、使用流量が過大な場合もヒンジストッパがぶつかって、衝撃を発生したり、破損したりすることがあります（**図4-2-8**参照）。

> **心得**
>
> 逆止め弁では全開の開き具合も"流体任せ"なので、正流の流量が少なすぎても、また多すぎてもチャタリング発生の問題が付きまといます。この特性をよく心得て利用しましょう。

4-2-4 逆圧不足による逆止め弁のシート漏れ

- 規定の逆圧以下では逆止めできない
- 封止可能な逆圧を確保する、止め弁を並行して設置

✖ どんなトラブルか

逆止め時の背圧が0.01 MPaでのウェハー形ゴムシート逆止め弁の利用で、シート漏れを生じた。

❓ その原因は

背圧の不足。逆止め弁は、逆流時に流体の背圧を受けて自力でシートを封止する構造なので、一定の逆圧がないとシート漏れを生じます。

一般にメタルシート（JIS規格品の例）では、最高使用圧力の1/3以上を、ソフトシート（ゴムシートメーカ標準品の例）では、構造によってメーカで決めており、0.05 MPa以上を逆流の封止に必要とすることがあります。この利用のケースでは、背圧不足でシート漏れを起こしました。

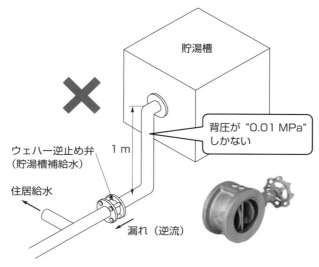

図4-2-9 逆止め弁の設置状態

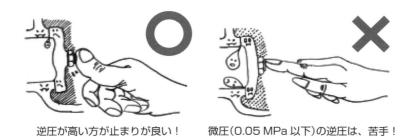

逆圧が高い方が止まりが良い！　　微圧(0.05 MPa 以下)の逆圧は、苦手！

図4-2-10

❗ その対処法

バルブの仕様をよく確認してから取り付けてください。

このケースでは、後対処法がありません。どうしても逆流を止めたい場合は、別に逆止め弁の前後に止め弁を設けるしかありません。

第4章

> **心得**
>
> 逆止め弁はシートの封止を流体の逆圧に依存（自力式）しているため、最低必要な逆圧力があるので、よく確認して選定してください。逆止め弁は、一般にどうしても"流体頼み"になりますし、またゴミ噛みにも弱く、なかなか使いにくいバルブです。このため、逆止め弁が必ず止まることを前提とした配管設計は行わないでください。どうしても封止したい場合は、止め弁を逆止め弁と直列に増設してください。

4-2-5 ウォータハンマによるバルブの破損

- ウォータハンマの発生によりバタフライ弁の弁棒が曲がった
- ウォータハンマ発生源を対策する、アキュムレータを設ける

✕ どんなトラブルか

空気圧自動バタフライ弁で急速で閉止したとき、バタフライ弁の弁棒が変形し操作不能になった。

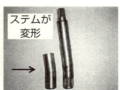

図4-2-11　変形したバタフライ弁の弁体とステム（弁棒）

❓ その原因は

バルブの急速閉止でウォータハンマが発生し、バタフライ弁の弁体や弁棒が曲がったことによるもの。

! その対処法

　自動弁で急激に閉止すると、バルブ自身でウォータハンマを発生することがあります。スピードコントローラを用いて開閉速度を遅くします。

心得

> 　バルブの開閉速度は、"ゆっくり"が原則です。ボール弁やバタフライ弁などのパートターン形バルブでは、レバーによる閉止操作では急開閉となることが多いため、あえてギヤ操作機を搭載して急閉止ができないように工夫した方法を取ることがあります（7.3.4項参照）。
> 　この他、バルブ自身の開閉でウォータハンマが発生するケースは、電磁弁や逆止め弁があり対策を必要とするケースがあります（7.3.5項参照）。電動自動バルブは一般に開閉操作時間が遅いため、ウォータハンマは発生しにくいことが知られています。

4-3 開閉操作に起因するトラブル

　バルブの（手動）開閉操作でも、トラブルが多く発生しています。正しいバルブの操作方法を確認しましょう。

4-3-1 バタフライ弁手動ギヤ装置の破損

Point
- シート漏れを改善しようと過大な操作トルクを加えた
- ポジションシートは閉位置を越えて操作しても漏れは改善しない

✕ どんなトラブルか

　シート漏れを改善しようと全閉位置で強くハンドルトルクを加えたところ、ゴムシート中心形バタフライ弁の開閉操作が不能になった。

第4章

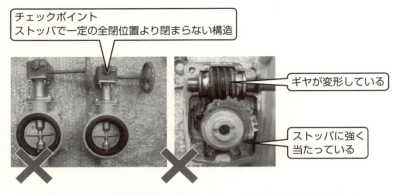

図4-3-1　ギヤ装置が破損（ギヤの変形）したバタフライ弁

❓ その原因は

　過剰なトルクでのハンドル締め過ぎにより、ギヤ操作機が破損してしまったもの。バタフライ弁やボール弁は全閉位置が決まっていて（このことをポジションシートといいます）、これを超えて操作してもシートの止まりは改善できない（ハンドルを強く閉めて封止する構造の仕切弁、玉形弁の操作感とは異なる）。

　適切なバルブ開閉操作トルクはバルブごとに決まっています（7.3.1項参照）。

❗ その対処法

　バタフライ弁やボール弁は"ポジションシート"という90度の全閉および0度の全開位置で止めて保持する構造となっています。全閉位置になってから、さらに過大な操作トルクを加えることはやってはいけません。

> **心得**
>
> 　仕切弁や玉形弁などの構造のバルブは、"トルクシート"と呼ばれ全閉状態位置になってさらに多少操作トルクを加えて確実に封止する構造になっています（例：少々止まりの悪い旧式水栓のハンドルを強く締めると漏れが改善する）。この"操作感"をそのままポジションシートのボール弁やバタフライ弁に持ち込むと、つい過剰な操作トルクを加えてしまうことがあり、操作機を破損させてしまうことがあります（7.3.2項参照）。全閉位置を超えて力で操作しても構造上シートの止まりは改善されません。
>
> 　特に建築設備で大量に利用される、アルミニウム合金製ゴムシート中心形バタフライ弁は軽量・コンパクト設計となっているため、過剰な操作トルクで破損しやすく取扱いに注意が必要です。止め弁の操作用ハンドルの大きさは、通常の大人ひとりの力で十分操作できるように設計されています。重くて回せない場合は、「何か別のトラブル要因があるのではないか」とハンドル廻しを利用する前に疑ってください。

4-3-2　仕切弁中間開度での使用破損

- 仕切弁の中間開度で絞りを行った
- 絞る場合は、絞りが許容された玉形弁、またはバタフライ弁とする

✕ どんなトラブルか

　黄銅製仕切弁を中間開度（絞り）で使用したところ、騒音が発生し全閉時にシート漏れが発生した。

図4-3-2 黄銅製仕切弁に生じたシート漏れのシール部位の状態

❓ その原因は

　仕切弁の弁体は中間位置ではある程度フリーな状態で吊られているため、流体により"ばたつき（揺動）"を生じやすい。弁体がシートと接触するチャタリングを生ずると騒音を発生したりシート面が損傷しシート漏れを生じたりすることがあります。このトラブルは流体の動圧・脈動などによりチャタリング現象が発生したことが原因であると思われます。また、損傷状況からキャビテーションの影響も合わせて考えられます。

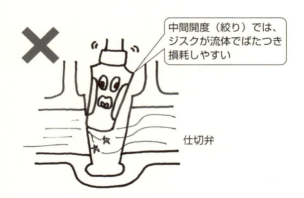

❗ その対処法

　仕切弁は中間開度では利用できません。絞りが認められた玉形弁か、バタフライ弁に換えてください。あらかじめバルブで絞って流量調節が

予想される場所には、玉形弁かバタフライ弁を設置しましょう。

> **心得**
>
> 設計値より実際の流量が流れ過ぎるケース（ほとんどがこの状態）では、仕切弁を絞って流量を調節しているケースが多々見られます。仕切弁は中間開度で利用できないということが、まだ現場では認識されていないケースもあります。取扱説明書で認められた方法で使いましょう。

4-3-3 蒸気に汎用仕切弁を用いた

Point
- 全閉状態で冷えて弁体の挟み込み現象で開けない
- 玉形弁を利用する

✕ どんなトラブルか

蒸気配管に設置したダクタイル鋳鉄製の仕切弁で、高温時に締め切ったところ配管が冷えて後、バルブを開こうとしたが操作トルクが異常に重く開放することができなかった。バルブを取り外して観察すると、弁体は正規全閉位置にあり、それより下がって（業界用語で"太鼓落ち"と呼ばれる）いないことがわかった。

❓ その原因は

一般的な汎用仕切弁の弁体構造は、"ソリッドウェッジ"と呼ばれる楔（くさび）形の剛体となっています。ハンドルを回して締め付けると弁体は楔効果でシートに強く締め付けられ封止性を発揮します。しかし、流体が蒸気の場合は高温時に強く全閉にした後、配管が冷えて常温になると金属製の弁箱は熱収縮してさらに強く弁体を締めつけます。このことを"挟

第4章

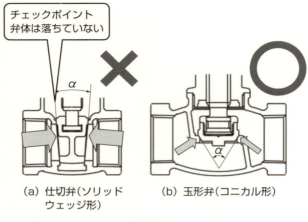

(a) 仕切弁（ソリッド
　　ウェッジ形）　　　(b) 玉形弁（コニカル形）

図4-3-3

み込み現象（業界用語）"と呼びます。この状態になると通常の開閉操作トルクでは弁体を開放することができないことがあります。弁体が落ちていないことは、単なる過大トルクでの締め過ぎではないことを示しています。

! その対処法

　高温になり、常温との温度変化の大きな蒸気配管に設ける止め弁は、なるべく"挟み込み現象"がない玉形弁を用います。どうしても仕切弁とする場合は"フレキシブル"弁体構造の仕切弁（工業用の鋳鋼弁または工業用のステンレス鋼弁は標準仕様）とします（7.6.2項参照）。

心 得

　蒸気ラインには玉形弁を適用しますが、比較的温度の低いドレンラインには汎用仕切弁を利用しても差し支えありません。ただし、耐食上ステンレス鋼製バルブをおすすめします（7.6.4項参照）。

4-3-4 ステンレス鋼製シート部のかじりによる漏れ

Point
- オーステナイト系ステンレス鋼シートをドライ・高温で使用した
- 流体条件が厳しい場合はHF（ステライト®）盛金とする

❌ どんなトラブルか

オーステナイト系ステンレス鋼製仕切弁を高温のガス体（ドライ状態）に用いたら、シート漏れを生じた。

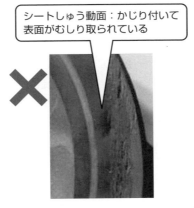

シートしゅう動面：かじり付いて表面がむしり取られている

図4-3-4　かじり付きトラブルを生じたバルブ
　　　　　ステンレス鋼製シートの表面

❓ その原因は

バルブシートなどのしゅう動面にステンレス材料（特にオーステナイト系ステンレス）同士を用いる場合、条件によって金属表面の「かじり付きトラブル」を生ずることがあります（図4-3-4参照）。シート表面のかじり付きは、極低温・高温（260℃超）・高圧・潤滑切れなどの特殊な用途（使用条件下）で発生することが多く、"汎用バルブ"の使用条件下ではあまり考慮はしなくてよいでしょう。

❗ その対処法

使用条件によって、シート面の材料を適切なものに変える必要があります。

心得

> バルブのシート材料が13Crステンレス鋼同士の場合は、かじり付きを防ぐため、両者間に硬度差（H_B50以上）を付ける仕様になっています。また、もっともかじりやすい18-8オーステナイト系ステンレス鋼同士の場合は、片面または両面にCo-Mo合金（ステライト®）を盛金で製作します。もっともかじりやすい流体にLNG（液化天然ガス）があります。これは潤滑状態が完全になくなるため、かじりやすくなるもので、この仕様向けのバルブは標準でステライト®盛金によるHF（ハードフェイシング）を行っています。

④-④ その他の要因に起因するトラブル

バルブのトラブル対策では、腐食や流体、操作に起因するものは、忘れずに事前チェックしますが、想定外の要因も意外と多く存在します。

4-4-1 結露水によるハンドルの錆、水漏れ

☞ Point
- バルブの結露対策を怠ったため、水だれや錆を発生した
- 結露対策バルブを利用する

✖ どんなトラブルか

冷水ラインに設置した、青銅製ロングネックボール弁の金属製レバーハンドルが結露して水が染み出てきた。水だれやハンドルナットの腐食

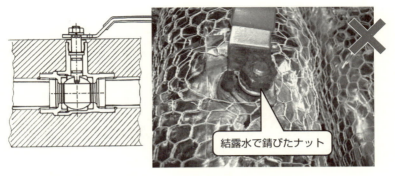

図4-4-1　金属製ハンドル部で発生した結露水による錆トラブルの例

(結露水で錆びたナット)

トラブルを発生させた。

❓ その原因は

　冷水温度が配管外面よりかなり低いため、結露を生じたもの。バルブは操作のため弁棒を介してハンドル部がラッギング（保温保冷代）の外に露出しているため、ハンドルやハンドルナットが結露して水が染み出したり金属が錆びたりすることがあります。

❗ その対処法

　対策としては、ボール弁やバタフライ弁において、熱伝導率の低い「樹脂製ハンドル付」ボール弁や、「結露防止機能付（ロングネック＋熱伝導防止）」バルブを選定採用すべきです。
　冷温水、冷水、ブライン、給水など、ラッギングを必要とする配管の止め弁（ボール弁、バタフライ弁）は、"ロングネック"と呼ばれる建築設備専用バルブを指定してください。

図4-4-2　ロングネック・結露防止樹脂製ハンドル付の
　　　　　冷水専用青銅製ボール弁

心得

　配管の結露は、密閉された機械室やシャフトスペースなどで夏季温湿度差が高い場合に生じやすいことが知られています。これらのラインは、配管に保温・保冷施工をすることは、ほぼ常識的に行われていますが、バルブは、ハンドルやギヤ操作機など管保温材の外に突出している部位があり、熱伝導によりこれらの部位に結露を生ずる場合があります。

　結露量が大きい場合は、配管外への染み出しや、バルブ・管・管継手各外部を腐食させるなど、配管全体の耐用年数低減の原因となることがあります。この腐食は進行速度が遅いことと、ラッギングで内部が容易に確認できないことで、発見したときはトラブルが既に相当進んでいることが多くやっかいです。国土交通省標準仕様書でも冷水に使用するボール弁のハンドルについては、結露しにくい樹脂製とするよう規定があります。

4-4-2　バルブ内部での異常昇圧による破損

- バルブ内部の残存流体が暖められ膨張して圧力が異常に増加した
- 均圧穴付に変更する（仕切弁、ボール弁）

❌ どんなトラブルか

青銅製ボール弁からの水漏れ、シート漏れ、開閉操作不能になった。

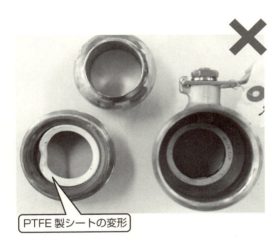

PTFE製シートの変形

図4-4-3 異常昇圧でボールシートが変形した青銅製ボール弁のトラブル事例

❓ その原因は

バルブ内部に封入された流体が異常昇圧を発生してトラブルとなったもの。閉止状態の異常昇圧は、ボール弁、仕切弁(入口出口両面に2枚のシートのある止め弁)に発生します(図4-4-4参照)。

異常昇圧が発生しやすい状況は、バルブキャビティに封入された水や油が急激に加熱され膨張する場合(蒸気配管など)や揮発しやすいLNGなどの液体の場合に起きやすい。

❗ その対処法

発生する可能性がある状態では、事前に均圧穴(圧力逃がし穴)をオプションで設けたボール弁、または同仕切弁に変更してください。

第4章

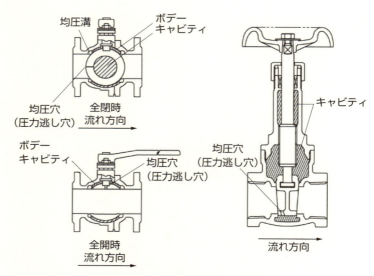

図4-4-4　均圧穴（圧力逃がし穴）をオプションで設けた
　　　　　異常昇圧対策仕様バルブ

　シートが1枚の玉形弁やバタフライ弁ではバルブ内部での異常昇圧現象は発生しないので、こちらのバルブにすることも一案です。
　ボール弁は、図4-4-4左のように"全開状態"でも生ずることがあるので注意が必要です。
　なお、この対策仕様ではバルブに流れ方向ができるので配管方向に注意してください。バルブには流れ方向が表示されます。

心得

　　販売されている汎用弁、一般工業用弁ではこの「異常昇圧対策仕様」はメーカオプションで製作されるので注文の事前指定が必要です。
　　異常昇圧現象はバルブ単体の内部だけではなく、配管（止められている2つのバルブ間や密封部）にも生ずることがありますから、安全弁などで対策することも必要となるケースがあります。

4-4-3 バルブの凍結割れ

Point
- バルブ内部の水が凍結して膨張、弁箱が割れた
- 適当な凍結防止対策をする

✕ どんなトラブルか

冬季の寒い朝に青銅製バルブのボンネットから水が外漏れした。

ふたが伸びてねじ部が破損

図4-4-5　凍結して漏れを生じた青銅製仕切弁の例

? その原因は

バルブが凍結し、内部流体が凍結膨張して、バルブボンネットを破損させた。

! その対処法

バルブの凍結は、取扱説明書によって禁止されているので、適切な凍結防止対策を施してください。

第4章

> **心得**
>
> バルブ内部に封入された水が凍結膨張すると、前項の異常昇圧と同様の現象を引き起こします。寒冷地での水系配管では、凍結対策を行うことは常識として行われています。温暖地では、普段凍結することがあまりないため、とかく凍結防止対策を忘れることがありますから忘れずに対策してください。工場の休業後の月曜日にこのトラブル報告されることが多いようです。

4-4-4 ストレーナの破損・穴あき貫通

Point
- スクリーンの閉塞による破損、固形物の回転によるキャップの穴あき貫通
- 定期的に分解点検・掃除する

❌ どんなトラブルか

水系流体で青銅製Y形ストレーナの底部キャップ（またはカバー）から外部漏れが発生した。バルブを分解（キャップを取り外して）するとキャップの底部が貫通漏れを起こしていた。

❓ その原因は

使用中に底部に捕捉された固体ゴミ（小砂利、ナット、金属片など）が底部に溜り、これらが回転して底部を異常摩耗させたもの。

❗ その対処法

定期的にストレーナを分解点検して固形ゴミの排出を実施する。

バルブのトラブル事例と対策（手動弁編）

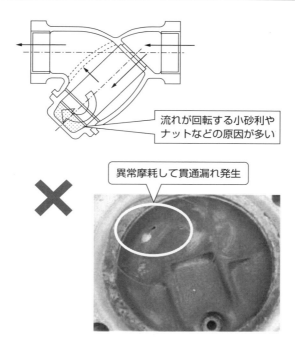

図4-4-6　青銅製Y形ストレーナキャップの貫通漏れ
　　　　トラブル例

| 心 | 得 |

　この現象は、Y形ストレーナ特有のもので、摩耗を低減するようキャップの底部内面に凹凸部を設けて対策していますが、このことだけでは改善できない欠点でもあります。

　貫通穴ができるまでには、相当の時間がかかると思われるので、定期的にストレーナを分解点検・清掃するしか方法がないと思われます。

　Y形ストレーナ以外に各種のものも販売されているので、種類や構造を換えてみることも有効かもしれません（1.4.6項参照）。

第5章

バルブのトラブル事例と対策
（自動弁編）

　手動弁で紹介した"腐食"などが自動弁のトラブルの要因になっていることも多くありますが、自動弁にも独特のトラブル発生要因がいろいろあります。
　自動弁を選んだり、取り扱かったりする観点から、トラブル事例とその対策を見てみましょう。

第5章

5-1 電動操作機内への水の浸入

Point
- 屋外での利用は防塵・防滴仕様をしっかりと
- 防滴仕様を確認する

✗ どんなトラブルか

電動弁が作動しなくなり、操作機内部を分解したところ、水の浸入で電装部が漏電していた。ギヤ部にも水が浸入して錆びを発生させていた。

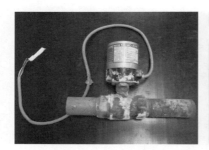

図5-1-1　操作機内部に水が浸入した青銅製ボール弁のトラブル事例

? その原因は

"屋内仕様"の電動ボール弁を屋外に設置した。水が操作機内部に浸入して電気的なトラブルとなったもの。

! その対処法

"屋外仕様"の電動ボール弁に交換する。

内部に電装部品や電線接続を有している電動操作機には、屋内専用のものと屋外で利用できる"屋外仕様"とが並行して販売されている。IP55以上の防滴・防塵仕様の電動操作機を搭載しているバルブを屋外

または屋外に準ずる場所では選びましょう（7.7.3項参照）。

> **心得**
>
> 　電動式操作機のトラブルは、水の内部浸入による電気トラブルがダントツの１位です。水（雨）の浸入・内部結露の防止・シールを確実にした"屋外防雨仕様品"を選択しましょう。防滴・防塵の仕様として国内ではIP等級55以上であれば屋外でも使用できます。
>
> 　ビル空調専用の電動弁は一般に屋内専用ですから屋外では利用できませんのでよく確認しましょう。
>
> 　なお、屋外防雨形といっても電動操作機が直接風雨に曝されることは、耐用年数の短縮に繋がりますので、適当な雨よけ・風よけなどを設置することが有効です（7.7.4項参照）。

5-2 電動操作機内の結露

Point
- 電動操作機は呼吸する、結露対策をしっかりと
- スペースヒータの常時通電を忘れずに

✕ どんなトラブルか

　電動弁が作動しなくなり、操作機内部を分解したところ結露水の付着で電装部が漏電していた。

? その原因は

　"屋外仕様"の電動バタフライ弁を屋外に設置したが、スペースヒータを常時通電していなかったため、結露水が操作機内部の電装部に付着して電気的なトラブルとなったもの。

❗ その対処法

"スペースヒータ付仕様"の電動弁（電動操作機）は、常時通電し続けることが必要です。

心得

前項の防滴仕様であれば一応水は浸入しませんが、操作機は屋外の寒暖の繰り返しで常時"呼吸"しています。このため、そのまま放置しますと、内部で結露する現象が発生する可能性がありますので、"スペースヒータ付仕様"でかつ連続通電を行い、結露防止を心がけましょう（7.7.3項参照）。

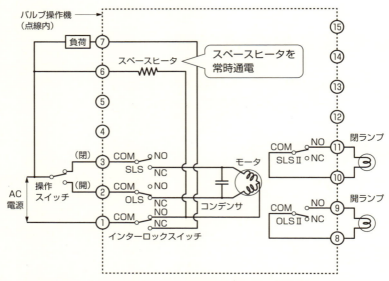

図5-2-1　スペースヒータ連続通電は内部結露防止に有効

5-3 電動バルブ複数台の同時制御

- 複数の電動バルブを同時制御するため、1つのスイッチで並列運転をした
- 電動バルブ1台ごとにリレーを設ける、またはリレー内蔵形電動バルブを利用する

❌ どんなトラブルか

ファンコイルユニットで、1つのスイッチ（リレー）で複数台の電動ボール弁をon-off作動させたが、開閉動作が不安定でハンチングしていた。

❓ その原因は

1台のスイッチ、またはリレーで複数台の電動操作機の並列運転行ったことによるもの。回り込み回路が構成されて誤動作を生じた。

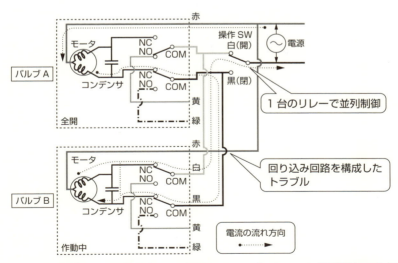

図5-3-1 「回り込み電気回路」が構成されトラブルとなった並列運転の事例

!その対処法

　1台のスイッチ、またはリレーで複数台の電動操作機を並列運転してはいけません。操作機各個に個別のスイッチ、またはリレーを操作盤に設けます。メーカによっては、電動操作機内部の回路に個別リレーを設けている「リレー内蔵仕様（オプション機種）」を販売しているものもあるので、これを利用することもできます（7.7.6項参照）。

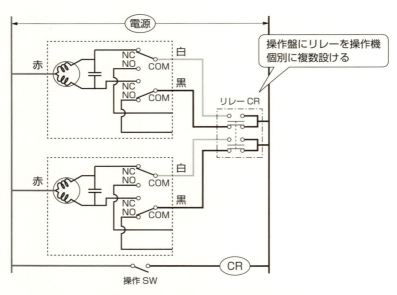

図5-3-2　「回り込み電気回路」を回避する並列運転の方法例

心得

　建築設備のファンコイルユニットやエアハンドリングユニットなどの機器は、1部屋に複数台配置して並列運転することも多くあり、1台のスイッチ、またはリレーで複数の機器（電動ボール弁）をon-off制御することがよくあります。この場合、通常のon-off電気開閉回路を有するバルブ操作機では、トラブルになることがあります。

必ず電動ボール弁個々にリレーを設けて同時運転を行ってください。メーカによっては、小形電動バルブの操作機の方にリレーを装備している「リレー内蔵仕様品」が別機種で販売されていますので、これを利用することもできます。

　ちなみに、電磁弁のケースでは、「2線式」なので1台のスイッチ、またはリレーで複数台の並列運転を行っても、このようなトラブルとなることはありません。

5-4 高頻度操作による電動バルブの停止

- 高頻度操作による温度上昇により内部保護スイッチが停止
- 原因を追究、高頻度制御を止める、モータを連続仕様に

❌ どんなトラブルか

　熱帯に近い環境で、電動バルブをきわめて短いスパンでon-off運転を繰り返したところ、モータが停止して動かなくなった。しばらく放置すると、また動くようになった。

❓ その原因は

　電動モータの内部に設置されている「サーマルプロテクタ」がモータの発熱に対応して作動し、絶縁不良（焼損）を防ぐためモータへの電源を切ったことによるもの。このトラブルは、サーマルプロテクタが温度を感知すると、いったんモータ回路を遮断しすべての開閉操作が不能になるが、モータが停止して冷めると復帰することが特徴です。恐らくモータの実質稼働時間が停止時間に比べて長すぎるからだろうと推察できます。加えて電動操作機の設置環境温度が高かったり、直射日光を浴びたりすると、この現象が発生しやすくなります。

137

❗ その対処法

　モータ発熱の原因を調査します。異物噛み込みなどバルブに異常があることもあります。動作が復帰しても要因を解消しない限り解決しません。モータの実質稼働時間と停止時間を調べてみましょう。正確にはモータの負荷時間率を計算して、停止時間を求める必要がありますが、この場合はメーカに問い合わせてください。

　国内では前記の簡易的な対策方法としてモータの停止時間を実質稼働時間より少なくしてください。on-off制御では繰り返し頻繁にバルブ開閉を行う制御はまれと思われます。調節弁の場合は、連続制御でモータの実質稼働時間が停止時間を大きく超えることもありますので、PID制御をうまく使って調整しましょう（7.7.7.項参照）。どうしてもモータを連続で使用しなければならないときは、連続仕様のモータを指定してください。

心　得

　バルブ設置場所も熱帯地方の屋外仕様などでは、操作機自身の温度上昇も考慮してモータ絶縁抵抗の種別レベルを上げる（サーマルプロテクタの遮断温度が上がる）などの指定を行ってください。

5-5 微弱電圧・電流での開閉接点導通不良

👉 Point
- 銀めっき接点の酸化被膜形成による接点不良
- "金めっき"接点を利用する

❌ どんなトラブルか

　電動バルブの開閉出力用接点を"微弱電流"で使用したところ、接点

不良を生じて信号を得ることができなかった。

❓ その原因は

　スイッチに電子回路のような微弱な電圧・電流を流した場合、銀めっき表面に形成された非導電性の酸化物により接点不良になったものと推測されます。

❗ その対処法

　電動操作機に内蔵されている一般的な開閉出力用マイクロスイッチは、"銀接点"といって接触面に銀めっきを行っています。24Ｖ以上の電圧によるコンタクトでは、スイッチ接触面の銀めっきがスパークして酸化した被膜をそのつど破壊して取り去りますから、電気的な接続にトラブルは生じません。

　しかし、電子回路のような微弱な電圧・電流の場合は、スパークが弱いため酸化した酸化被膜が取り去られないまま接触すると接点不良になり、信号系がトラブルとなることがあります。このような場合は、"金めっき"接点仕様を指定してください。

心得

> 　電動操作機に限らず、空気圧操作機に設けられるリミットスイッチ（中身は電動と同様のマイクロスイッチが入っている）にも同じことが生じます。最近は電子回路での制御や開閉信号のバックを行うことが増えていますので、この場合は念のため金接点を指定しておいた方が無難です。

5-6 空気圧自動バルブの遅速制御トラブル

Point
- スティック＆スリップ現象の発生
- "メータアウト"回路を原則とする、極端に遅くしない

どんなトラブルか

スプリングリターン形（単動）空気圧操作機を搭載した、ゴムシートバタフライ弁をスピードコントローラを付属して用い作動時間をかなり遅くしたところ、開動作がぎくしゃくして、動いては止まる動作を繰り返している。バルブ流れの状態に影響が出ている。

その原因は

この現象は、「スティック＆スリップ（業界用語）」と呼ばれる現象です。スプリングリターン形（フェールセーフ＝閉）の空気圧操作機は、開方向でスプリングを圧縮しながらバルブを駆動する方法となります。このため、作動スピードを遅くするためには"メータイン"と呼ばれる操作、すなわちシリンダに供給する空気圧を絞ってゆっくり入れる方法を採ります。この供給量を極端に少なくすると、多少動いたシリンダ内の圧力が下がり供給が間に合わないため、すぐピストンが停止してしまいます。しばらくして空気圧がシリンダに満ちてくると、また動くといった動作を順次に繰り返し不安定な開動作となります。

その対処法

空気圧操作機の開閉時間を遅くする方法として、空気圧付属機器のスピードコントローラを利用する方法が一般に採られます。シリンダの動作を遅くするには排気を絞る方法が一般的です。これを"メータアウト

(Meter Out)"といいます。給気を絞るメータインは原則採用しません。しかし、スプリングリターン形では、スプリングを圧縮する方向には排気がないので、どうしても遅くしたい場合は給気を絞る制御をする必要があります。このとき、給気を絞り過ぎると前記のスティック＆スリップ現象が起こりやすくなります。極度に絞ることは避けましょう。

心得

　スピードコントローラによる開閉時間の遅延は、原則メータアウト方式で設置します。スプリングリターン形など給気を絞らざるを得ない状況では、絞り過ぎないように注意しましょう。

5-7 連続信号の変化に追随しない調節弁

Point
- ダンパ風量制御用の制御信号が入力されていた
- PID制御で入力信号の変化を少なくする

❌ どんなトラブルか

　病院のモルモット飼育室の温度制御システムに設置された比例（連続）制御用電動調節弁が、まったく調節作動しない（ブルブル震えている）状態であった。

❓ その原因は

　比例（連続）制御用電動調節弁への開度指示信号がダンパ風量制御用の制御信号が入力されていたため、まったくバルブが調節作動できない状態でした。このシステムは、精度の高い空調温度管理を行うため設けられたものですが、高精度を実現するためのダンパ風量制御用の高頻度

変化する制御信号をそのまま調節弁に入力したものでした。このため、調節弁が高頻度の信号変化についていけずに「ひくひく」した動作を行っているだけでした。

❗ その対処法

室温調節のための「冷温水流量制御」では、高精度な制御は一般に不可能で、ゆっくりとした調節方法に限定されます。加えて電動操作機は一般に開閉操作時間がきわめて遅く、高頻度な信号の変化に追従できません。したがって、調節弁に高頻度に変化する開度信号を入力することは意味がないため、調節計のPID制御システムなどを利用して信号をきわめてゆっくりとした変化に整えて行うことが必要です。このケースでは、この進言により制御が可能となりました。

心得

> ダンパ風量制御用の制御信号など高頻度に変化する制御信号をそのまま調節弁の制御用信号に利用することは一般にできません。調節弁の電動操作機の作動はきわめて遅いということを良く理解しシステム設計することが重要です（7.7.7項参照）。

5-8 キャビテーション発生とダメージ

- 高差圧での微小開度絞りでキャビテーションが発生、ダメージが起こる
- 調節弁前後が高差圧とならぬよう固定絞りを設ける
- ポンプのインバータ制御が可能な場合では、供給圧力を下げることも有効

❌ どんなトラブルか

高差圧での微小開度絞り状態で調節弁を利用したところ、キャビテーションが発生し流量制御が不能になった。また、エロージョンダメージが生じた。

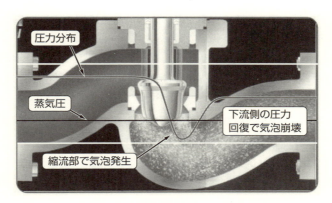

図5-8-1　グローブ形調節弁のキャビテーション発生例

❓ その原因は

高差圧での微小開度（20％以下）絞り状態で調節弁を利用したことで、キャビテーション（空洞現象）が発生し正常な流量制御ができませんでした。一般にキャビテーション発生域では比例制御ができなくなります。

また、キャビテーション発生域でバルブを利用し続けるとエロージョン（摩食）、異常振動、異常騒音などの発生を招くことがあります。

❗ その対処法

原則、高差圧での微小開度絞り状態（キャビテーション発生の可能性のある使い方）では調節弁を利用してはいけません。バルブ前後の差圧が減るように、①固定絞りを設ける、②設置手動バルブを絞る、③イン

バータポンプで制御する、などを試してみましょう。調節弁の利用開度は弁種によっても異なりますが、開度30～80％程度で制御することが理想です。

> **心得**
>
> 　調節弁の設置（調節弁の適切なバルブサイズを選定することを"サイジング"といいます）では、前述のバルブ開度30～80％程度で制御するようにサイジングすることが重要です。すなわち、大は小を兼ねないのです。いろいろな条件を安全方向で重ねて設計すると、つい過大なサイズの調節弁を選定してしまい、結果として高差圧での微小開度絞り状態で利用されることがよくあります。事前によくメーカと打ち合わせを行うことも重要です（7.7.10項参照）。
>
> 　キャビテーション発生を抑制することは、バルブを絞るときは必ずついてまわりますから、これを避けることは難しいでしょう。キャビテーションが発生してしまったとき、少しでも発生するダメージを抑制する方法としてグローブ形のケージやバタフライ形の多孔・スリット・櫛歯付弁体などは効果があるものと考えられます。

第6章

バルブの保守保全と耐用年数

　バルブは定義にあるとおり、"可動部を有する機器"であるので、車や設備機器と同様日常点検や保守保全の実施が必須です。本章では、主に汎用弁についての管理、メンテナンスについて考えてみます。当然ながら特殊な用途の特殊弁や複雑な構造の調整弁、自動弁は汎用弁に加えて、取扱説明書で指定された保守保全を充実しなければならないことは、いうまでもありません。

6-1 バルブの管理

- バルブは機械もの、"メンテナンスフリー"ではない
- "管や継手"と同様に考えてはいけない
- 定期的な点検やメンテナンスは必須

6-1-1 保守・保全の考え方

多くの方が配管やバルブについて関心を持っている事柄に「耐用年数（または耐用寿命）」があります。いわゆる「何年もてば"よし"とするか？」です。

バルブの使命としては、配管装置や機器の交換時にバルブを操作して流体を止めることが多いため、ユーザは少なくとも配管装置やポンプや熱交換器などの配管機器（一般に耐用年数は15年）よりも"長い"耐用年数をバルブに期待することは当然だと思われます。しかし、バルブは内部に可動機構を有する機器であるので、管や管継手と同様に「メンテナンスフリー」と考えて扱うことは間違いです。

基本的にバルブは部品交換や修理を行いながら"期待耐用年数"を保持していく物品です。一方、バルブはそのものが「配管の一部品（部材）」という性格も有しており、前出のバルブの部品交換や修理を行ってメンテナンスを行うか、バルブごと新品に交換してしまうかは、「経済的な検討」にゆだねられることになります。現実的にはプラント用途や工業用途の特殊なバルブ、自動弁など比較的「高額なバルブ」は、部品交換や修理を行ってメンテナンス維持することが多く採用されていますが、「安価な手動汎用弁」については、経済性を考慮するとバルブごと交換してしまうことが多くあります。また、バルブが健全でも他の配管部材（管や継手）の老朽化により、やむを得ずバルブの更新を行わざるを得ない「共連れ交換」も発生することがあります。

図6-1-1に部品の故障率の推移（一般的な耐用年数の考え方）を示します。この図は通称「バスタブ曲線」と呼ばれ、配管技術の関連書籍にもたびたび登場しています。

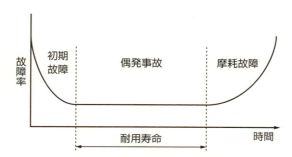

図6-1-1　部品の故障率の推移（故障率曲線故障率）
（出典：パンフレット「定期的な保守・点検のおすすめ」
（一社）冷凍空調工業会、業務用エアコン委員会発行）

6-2 事後保全と予防保全

> Point
> ● 事後保全の耐久性は予防保全の半分以下
> ● 予防保全が望ましい
> ● バルブ、配管の異常に注視

　バルブに限らずすべての装置や機器についていえることですが、事後保全と予防保全とでは期待耐用年数を確保する観点からはまったく効果が異なります。トラブルが発生してからの事後保全では、現状復旧に相当なパワーを必要とすることが多く、営業や生産活動の停止などの結果被害も少なくありません。ぜひ日頃の計画的な予防保全を実施してください。特に流体が流れている間"常に"弁体が動いている逆止め弁や調整・調節弁などは手動の止め弁に比べ遙かに作動回数が多いため、耐用年数が短いことが多く、注意（短期間での点検実施）が必要です。

第6章

　また、バルブにトラブルが発生する場合は、いきなり壊れることはまれで、事前に何らかの異常シグナル（異音、異常振動、微細な漏れなど）を伴うことが多いので、日常点検がきわめて重要です。手動の汎用弁などほとんど触ったことがないというメンテナンス技術者の方もおられると思いますが、バルブも機械物なので少なくとも半年から1年に1回は開閉操作を行って、作動点検してください。バルブを作動させる（空運転でも可）という行為は、トラブルの一要因の"付着を防ぐ"という意味でも有効です。

トラブル発生には"予兆"あり！　異常を注視

6-3 偶発故障と劣化故障

- 初期故障は1年以内に現れる
- 1年間は無償修理・交換対象
- 鋳物製品には鋳造欠陥は付き物

　偶発故障とは、利用中にある部品（バルブ）のみが何らかの原因で故障を起こすもので、同じような使われ方をしている他のものは問題なく稼動しているケースです。発生原因には「ゴミ噛み」や「配管応力」などの外的要因や、「鋳物不良」、「加工・組立不良」などバルブそのものの内的要因もありますが、基本的に故障品のみ「修理または交換」すれば解決します。メーカが保証期間として「稼動後1年間」を定めている理由は、偶発故障の内的要因はそのほとんどが1年以内には現出することが根拠となっているからです。

　劣化故障とは、「経年劣化」とも呼ばれ、利用中に摩耗や腐食、ときには付着・堆積などを原因として故障を生ずる現象で、いわゆる"寿命"と解釈される故障です。メンテナンスを行うか、バルブごと交換してしまうか、を決定しなければならず、同一の時期に同一使用条件に利用されている他のバルブについても現状の良否を問わずすべて対象（寿命）とすべきです。

　バルブの本体を主に構成する金属製"鋳物"には、鋳造欠陥は付き物で確率は低いものの必ず現出します。バルブ検査時の短かい圧力試験保持時間では発見できない微細な欠陥もあり、実際に配管してから現出することもあります。

　厳しい使用条件では、部品レベルでの事前非破壊検査実施の選択肢もありますが、汎用弁では対費用効果で、この実施は現実味がありません。鋳造欠陥などメーカ側に落ち度がある不具合は、1年間は無償修理・交換の対象となりますから申し出てください。

第6章

6-4 バルブの耐用年数と保証期間

- 耐用年数の考え方　ユーザが判断、ユーザの基準（目安）もある
- 法定耐用、物理的耐用、経済的耐用、社会的耐用といろいろある
- バルブは交換系部品か修理系部品か？　汎用バルブは交換系

6-4-1　バルブの耐用年数

　バルブの耐用年数を特定することは、個々の使用条件が大きく異なるため、きわめて難しいものがあります。バルブも人間と同じで「平均寿命80歳」といっても、個々に見れば赤子で亡くなるケースもあれば、百歳まで元気で生きるケースもあり、すべてが算術平均の80歳まで生きるわけではありません。法定（経理上の機械設備減価償却に適用する）耐用年数では、多くの設備や配管系機器と同様にバルブも15年とされています。ただし、これはあくまでもユーザ側の期待上の理想値です。

　メーカ側では、使用条件や環境がそれぞれ異なるため、バルブの耐用年数については一切公表していませんが、バルブユーザ側では自身の装置への組み込み用バルブとして耐用年数をおおよその目安で決めているところが多くあります。たとえば、（一社）日本冷凍空調工業会の業務用エアコン委員会発行のマニュアルでは、エアコン機内の配管やバルブ（止め弁）の耐用年数を偶発故障期間約8年、その後点検・メンテナンスを実施して後、摩耗（劣化）故障期間約7年の計15年であることを記載しています。ただし、ここに記載はありませんが、常時頻繁に作動している「逆止め弁」については、耐用年数は一般の止め弁に比べ相当短くなることが予想されます。表6-4-1に耐用年数の各種定義例を示します。

　また、比較的利用する条件が安定化（清浄な常温水のみに適用）されている"水栓類"については、（一社）日本バルブ工業会水栓部会で適切なメンテナンス・消耗部品交換を実施する条件付きで、「10年以上」

表6-4-1　機械耐用年数の各種定義

耐用年数	内容
●物理的耐用年数〔故障寿命〕	経時的な劣化、摩耗などによって定まる耐用年数で、使用目的に応じた大幅な機能、性能低下なしで、運転可能な状態を維持できる期間。これは、非修理系の機器・部品に適用される
●経済的耐用年数〔耐用寿命〕〔有用寿命〕	経済的要因によって定まる耐用年数で、故障率が著しく増大して保全費用が多くなったり、性能低下により運転費用が増加して経済的に引き合わなくなるまでの期間。これは修理系の機器に適用される
●社会的耐用年数	新しい機器が普及して、現在の機器の機能、性能、外観などが陳腐化したり、使用エネルギーの供給状態の変化、公害などの社会的要求度の変化などによって、使用が著しく不利になったり、困難になった場合の期間
●法定耐用年数	固定資産の減価償却のために省令で定められた期間

（出典：パンフレット「定期的な保守・点検のおすすめ」（一社）冷凍空調工業会業務用エアコン委員会発行）

を設計耐用年数として製造していることがホームページに掲載されています。ただし、前出と同様、常時弁体が作動している逆止め弁については、止め弁と異なり「3～5年」としており、止め弁に比べて著しく耐用年数は短くなっています。

　汎用弁（手動弁類）については、「正しい選定と適切なメンテナンスとを行えば、その寿命は、相当期待できる」といえます。ただし、それぞれの設置現場で使用条件や保守保全の実施条件が異なり、加えて経済的なバルブの耐用年数の"判定基準"は、各設備ユーザごとで異なるため、「想定寿命＝XX年」とは、定量的に特定できないのですが…。

6-4-2　修理系と交換系

　一般的に高額な大型設備（装置）については、部品交換を含む修理を行いながら利用しますが、「バルブ」についてはこの修理系と、バルブ

ごと交換してしまう交換系との両面を有します。

　基本的には「経済性」でこの方針を決定しますが、建築設備配管用の安価な汎用弁は、どちらかというと交換系に属します。ただし、ハンドルなどの、破損しやすい部品やパッキン・ジスク入り樹脂製弁体などの"消耗部品"はメーカがパーツ提供しているので、交換修理することができます。現在のプラントや建築設備の現場では、昔ほどメンテナンスの専任要員がいなくなってしまい、かつ保守保全の技術力も十分に維持できていないと思われるため、バルブを交換系として扱うケースが増加しているようです。修理交換を含む予防保全を行いながらバルブを利用する装置（図6-4-2の例では業務用エアコンが対象）の耐用年数を延長していく考え方を示します。この図からわかるように、予防保全と事後保全とでは、実に3倍も耐用年数が異なっています。

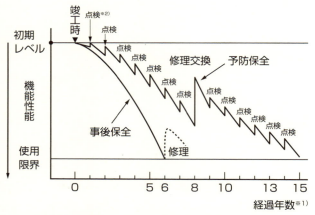

※1）　経過年数は頻繁な発停のない通常の使用状態で10時間/日、2,500時間/年と仮定した場合。
※2）　点検とは、点検の過程で必要となった保全内容を含む。

図6-4-1　耐用年数延長の考え方
（出典：パンフレット「定期的な保守・点検のおすすめ」（一社）冷凍空調工業会、業務用エアコン委員会発行）

6-4-3 保証期間と故障の取り扱い

メーカの多くは「バルブの保証期間」として使用後1年間、または販売後1年半（18カ月間）を定めています。両者の差異は、配管設置施工から運転までの期間のロス（約6カ月間）を見込んだものです。

保証は無償修理、または製品の無償交換のみに限定されており、取り替えにかかわる配管工事費用やバルブの故障による「波及経済損失」などは原則保証対象になっていません。ただし、保証期間を過ぎてもメーカ責任によるバルブの故障に起因して人的な被害や物的な損失を生じた場合は、PL法（製造物責任法の略称。製造物の欠陥により製造物の使用者が生命・身体・財産などに損害を受けた場合、製造業者が被害者に対して負う損害賠償について定めた民事特別法）に準じてメーカが対処する場合もあるので、速やかに連絡することが必要です。

保証期間の考え方は、前出の「初期故障は12カ月以内に現れる」という家電製品など一般的な民生品と同様の考え方がバルブにも採用されています。なお、故障時の調査のため、ユーザ自身がバルブを分解する必要がある場合、「分解調査」を禁じているメーカもあるため、取扱説明書（保証条件）をよく読んで対処してください。これは、ユーザ側で分解されると、故障の原因がメーカ側で解明できなくなる場合が多くあるための措置です。

6-5 バルブの耐用年数の考察

- 割と寿命が長い建築設備用バルブ
- 意外と長持ち、建築設備用（空調、消防）バルブ
- 一番寿命の短い設備（＝トラブルが多い）は給湯設備

ここまで「耐用年数が短い」と脅かすわけではありませんが、現実に

ビル設備の空調設備や消防設備配管などでは、平気で25～30年も利用されているバルブ（ただし手動の止め弁）が多いことも事実です。消火用水を利用した消防設備配管、およびそのバルブ類が比較的長寿命であることを筆者なりに検証すれば、

① 流体の水が常時停止していて機器への異物付着性も低い（消防）
② 作動回数が微小（火事や点検時のみ作動）
③ 水が交換されないので溶存酸素や塩素を含まなく腐食性が低い（"死に水"とも呼ばれる）
④ 法定で少なくとも年1回の点検（作動テスト）が実施される

ことなどが理由であろうと推測されます。ちなみに、（一社）日本消火装置工業会の資料「消火設備機器の維持管理について」では、10年目のオーバーホール実施を前提として閉止弁（止め弁）の交換時期の目安を18～20年として示しています。

一般的な弁類・管材の耐用年数として公表されているデータを、**表6-5-1**に示します。

比較的作動回数の少ない「手動止め弁」は、腐食や劣化、付着や堆積などで耐用年数が決まることが多くありますが、作動回数の多い逆止め弁、調節弁、調整弁、電磁弁などは、作動回数も耐用年数が決定される主要なファクターとして考慮しておく必要があります。

作動回数による設計寿命の大まかな目安として、バルブについて1万回、自動操作機について10万回くらいが自動開閉弁の耐久性として考えておいてよいと思います。

建築設備の中で際立ってトラブル発生が目立つものが「給湯」です。前出の空調（冷温水や冷却水）や消火の流体が"死に水"であることに対して、給湯は流体が「殺菌された湯」であるため、「残留塩素＋溶存酸素＋高温（化学反応が活性）＝トリプルアタック」（業界での呼称）と呼んでいることが大きく異なるところです。このため、給湯ラインでは前出の空調や消防設備配管と比べて耐用年数も短くなるため、配管材料のステンレス鋼化などが推進されています。

表6-5-1　弁類・管材の耐用年数

〔単位：年〕

名称	形式		法定耐用年数 ①	建築物のライフサイクルコスト ②	耐用年数 ③
弁類	給水	青銅弁	15	−	10〜15
		鋳鉄弁（ライニング弁）	15	−	10〜15
		ステンレス弁	15	−	25〜30
	給油	青銅弁（脱亜鉛腐食防止型）	15	−	10〜15
	排水	青銅弁	15	−	10〜15
		鋳鉄弁（ライニング弁）		−	10〜15
		減圧弁	15	15	−
		ストレーナ	15	−	−
		安全弁	15	15	−
		定水位弁	15	15	−

名称	形式		BELCA耐用年数 ④	実使用年数 本体/標準偏差 ⑤	メーカ目標耐用年数 ⑥	予防保全耐用年数 ⑦	事後保全耐用年数 ⑧
弁類	給水	青銅弁	−	−	−	−	−
		鋳鉄弁（ライニング弁）	−	−	−	−	−
		ステンレス弁	−	−	−	−	−
	給油	青銅弁（脱亜鉛腐食防止型）	−	−	−	−	−
	排水	青銅弁	−	−	−	−	−
		鋳鉄弁（ライニング弁）	−	−	−	−	−
		減圧弁	−	−	−	−	−
		ストレーナ	−	−	−	−	−
		安全弁	−	−	−	−	−
		定水位弁	−	−	−	−	−

(注)　②建築物のライフサイクルコスト（LCC）は「建築物のライフルサイクルコスト」
　　　((財)建築保全センター編集、平成5年)の計画更新年数による。
　　③(社)日本住宅設備システム協会：住宅設備に関する耐久性総合研究報告書を参考に作成
(出典：「設備と管理2011年4月号」設備の耐用年数　安藤紀雄氏)

6-6 耐用年数を阻害する要因

> Point
> ● 「正しい選定＋正しい配管施工・運転＋正しい保守・保全」を確実に実行
> ● バルブのみでなく配管全体でもチェックする

　前節までに「正しい選定＋正しい配管施工・運転＋正しい保守・保全」を確実に実行すれば、バルブの耐用年数は相当長く期待できると紹介しました。したがって、裏を返すと、それぞれの過程で正しくないアクションを採れば、短期間でバルブ故障（トラブル）を生ずる可能性があるということなので注意してください。しかも前工程でのボタンの掛け違いを後工程で修正することは著しく難しく費用も要するので、特に「正しい選定」には留意してください。また、「配管」としての観点から見ると、バルブに起因した管側の腐食トラブル発生などもあるため、バルブ単体にとらわれずに、配管全体を広くチェックすることが重要です。

「木を見て森を見ず」にならないように選定してね！

6-7 故障と確率

> Point
> ● SIL を詳しく知る
> ● 生命に危険を及ぼす重要な設備配管にはSLI認証を適用

　プラント設備用途の重要な制御バルブには、故障予知と故障確率といった、特に生命に危険を及ぼす重要な設備の場合に考慮しなくてはならない事項もあります。バルブは機械もので多くの部品を集積して稼働していますし、制御には電子部品も多く使用しています。

　電気・電子やコントロールを伴う調節弁などが規定されている国際規格 IEC 61508 には、SIL（Safety Integrity Level：安全性の目標としての安全度水準）として考え方が規定されています。

　国内ではJIS C 0508「電気・電子・プログラマブル電子安全関連系の機能安全」として、2012年に JIS C 0508の第2.0版が制定されました。

　SILの詳細な中身を知る（解説する）ことは大変難しいのですが、

　◆ものは必ず故障する、かつ
　◆人間は必ず間違いを犯す

をベースとして、その確率を下げる工夫をメーカがしなさいというものです。

　すなわち、少々乱暴な説明ですが、「故障確率を百年に1回、千年に1回などと下げていけば、ユーザに理解を得られるだろう」との考え方に基づいています。

　生命に危険を及ぼす重要な設備配管には、このSIL認証を受けた製品を採用すれば、少しは安心できると思われます。

　また、配管機器のスマート化（スマートポジショナなどの採用）が進んでおり、バルブの運転管理情報などのAI化も今後進むと思われます。

第 6 章

> **コラム**
>
> ## 「共連れ交換」って何？
>
> 　設備配管では、管・継手・バルブが主な配管材料としてこれを構成しています。これらの材料はそれぞれに耐用年数を有していますが、同一であるとは限りません。理想的にはすべて同時に寿命を迎えられれば効率が良いのですが、結果としてバラバラになることが多くあります。一番先に耐用年数を迎えた材料に合わせて更新工事が実施されるため、まだ寿命がある他の部材も一緒に取り換えてしまう必要があり、このことを建築設備業界では「共連れ交換」と呼んでいます。
>
> 　人間の世界（夫婦）では、「共連れ」は少ないようで、奥様の方が、一般的に寿命が長いようですね！
>
>
>
> 　　わしもうだめ！　　それじゃ私も付き合うわ！

第7章

トラブルを未然に防ぐためのポイントアドバイス

　バルブのトラブルは、細かなものまで含めると、第4章あるいは第5章の事例では紹介しきれないほど数多くあります。トラブルは、意外な要因（落とし穴）から大きな人身事故につながることもあるので、本章では、筆者の体験から『転ばぬ先の杖』として、トラブルにならないコツを紹介します。

7-1 バルブ選定

7-1-1 可能な限り汎用弁を用いるが、餅は餅屋に

　第2章「バルブの選定方法」では、主に汎用弁について説明しました。汎用弁は標準化されて、市場で大量に使われているわけですから、比較的短納期で価格的にもユーザメリットがあります。

　したがって、できる限り（条件・仕様が許す限り）汎用弁を選定するように心がけることが望ましいと思われます。しかし、「圧力－温度基準」はもとより使用条件が合致しているからといって、単純に汎用弁を選んではいけません。弁種による長所・短所、付帯仕様、腐食性、耐久性、故障時想定リスクなども勘案してバルブの選定を行います。

　たとえば、細菌を嫌う食品・医薬のサニタリー配管用には食品用ダイヤフラム弁やサニタリー弁という専用仕様の専用バルブが製作されているので、仕様によって選定を考えなくてはなりません。また、高度な安全性を要求される航空機、車輛、遊園地、原子力などの設備に使う場合

バルブの選定は使用条件、仕様、リスクなどを精査して
（ここには使っちゃだめ！）

も、例え使用条件は満たしていても汎用弁ではなく、故障時想定リスクを考慮して「それなりの保証された専用バルブ」を使用します。すなわち、「餅は餅屋」に任せることも必要なのです。

7-1-2　酸素用の禁油仕様を指定

流体が酸素ガス（液化ガスも含む）やオゾンガスである場合はきわめて不安定状態で酸化性が強く、付近の炭素や水素に触れて反応して酸化されると「二酸化炭素と水」というきわめて安定した性状の物質になりたがります。

特にオゾンガスO_3は、常態で不安定できわめて酸化性が強く、過剰な酸素分子をくっつけたい相手を常に求めています。

酸素やオゾンなど支（助）燃性流体の配管では、酸素は可燃物があると反応して燃焼する危険性があるため、可燃物を排除しなければなりません。「禁油」仕様を付け加えるわけですが、酸素用途は特に念入りに清掃しなければなりません。また、どうしても潤滑が必要とされる部分にはシリコン系グリースなど不燃性の潤滑剤を塗布するなどメーカと事前に打ち合わせる必要があります。

仲の良すぎる流体同士（相手に火をつける魔性の女）も問題だな！

7-1-3 汎用バルブの標準品には油や水が付着している

バルブに油や水が残存することを嫌う場合「禁油・禁水仕様」を指定します。一般に汎用弁には、潤滑のための油脂分や検査流体である水が、わずかに残存していることが普通にあります。このため、給水設備や流体によってその残存物が問題となる場合は、事前にメーカに「禁油・禁水仕様」を付加するむね連絡しなければなりません。もちろん、高純度ガス用や食品・医薬品用のサニタリー弁などの専用弁は、標準仕様であらかじめ高度な洗浄処理を施して納入されることはいうまでもありません。

7-1-4 埋設用バルブは専用品を選定

- 埋設弁に黄銅材料禁止
- 専用仕様品を用いる

❸-❹節「バルブの材料-黄銅」で説明した黄銅材料は、特定雰囲気で応力腐食割れを生ずることがあり、バルブではボデーの割れによる外漏れなどの重大トラブルとなる可能性があります（4.1.7項参照）。

埋設配管（地下埋設管に地下ピットを設けてバルブを設置する）では、一般にバルブの雰囲気条件がきわめて過酷となることが知られており、ここでねじ込み接続などバルブに応力が加わっている状態では、応力腐食割れを生ずる可能性が高まっています。加えて、多湿や迷走電流などの腐食条件が輻輳して割れを生じる可能性がきわめて高いです。

したがって、埋設配管には黄銅製バルブは避けるべきです。青銅かステンレス鋼製とします。

また、埋設配管ではピット内深くバルブが設置されているため、手動操作が難しく"開栓器"と呼ぶ専用のT字形のハンドル廻しを利用します。ハンドル廻しはサイズ共用になっており、埋設バルブの大きさが容易にはわかりにくいこともあって、過剰に操作トルクを加えてしまう

トラブルも現出しています（**図7-1-1参照**）。

なお、通常青銅弁のハンドル材料はアルミニウムまたは亜鉛の合金を用いますから、腐食性雰囲気では腐食溶出してハンドルがなくなってしまう状態も見受けられます。メーカでは、埋設仕様や雰囲気に対応した専用弁も製作しているので、埋設に使う場合は探してみるとよいです。

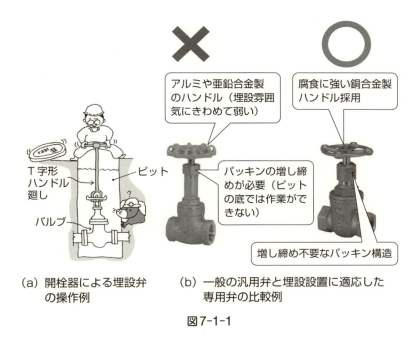

(a) 開栓器による埋設弁の操作例　　(b) 一般の汎用弁と埋設設置に適応した専用弁の比較例

図7-1-1

7-1-5　ドレン水は高度に濃縮されるため腐食性が高い

ボイラの給水には、アルカリ性（pH 11.0～11.8）に保つための薬剤が注入されています。発生した蒸気がドレン水（環水）になると成分が凝縮されて腐食性がさらに高まります。加えて一般にドレンライン内は常に満管状態ではないため、空気に触れ頻繁に乾湿状態となるのでより腐食性が高まります。

一般にドレン配管の材料は鋼製でよいとされていますが、筆者の経験ではドレン配管（もちろんバルブを含めて）の材料はステンレス鋼（304系）とすべきです。バルブ材料についても、特に腐食に弱い黄銅製の部品を使っている黄銅弁、青銅弁は避けるべきです。

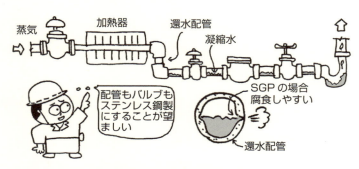

蒸気のドレン配管にはSGPを使ってはいけない
ステンレス鋼管とする！

7-1-6　逆止め弁には「シート封止のための最低逆圧」と「正流の最低開口圧力、最低流量」が必要

ハンドルとねじ機構を利用した止め弁とは異なり、逆止め弁は流体の働きにより逆流のみを止める機能を有します。当然のことながらバルブにハンドルはついていません。すなわち、すべてのアクションが"流体まかせ"となるわけです。したがって、作動・封止には一定の条件が伴います。まず、正流を流す動作を見てみますと、差圧で弁体を押し開けてかつ正常な流量で弁体を開け続けなければ安定的に流れません。この条件を「正流の最低開口圧力、最低流量」といいます。これらが不足するとチャタリングやフラッタリングなどが発生しトラブルになることがあります（4.2.3項参照）。

次に逆流の封止時ですが、逆圧で弁体をシートに押し付けて密封を得るわけですからこの圧力が低いとシールできません（4.2.4項参照）。この条

件を「シート封止のための最低逆圧」といいます。

　一般にJIS規格の各種メタルシート逆止め弁では、この逆圧は正流方向の最高使用圧力の1/3以上必要とされています。ソフトシートでは0.05MPaと記載されている製品もありますが、仕様はメーカのカタログを確認してください。

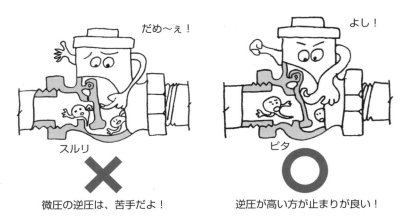

微圧の逆圧は、苦手だよ！　　　逆圧が高い方が止まりが良い！

差圧が弱いと漏れちゃうよ！

7-1-7　緊急時遮断弁には「元弁」と表示する

　止め弁の多くは「何かあったら止めたい」という緊急時の遮断弁（通常は常時開）として用いるケースが、圧倒的に多くあると想像します。この場合「緊急時の水漏れなどに備えて元弁である表示を大きく明示」しておくと、いざというとき役に立ちます。

　管の破裂やすっぽ抜けで大量に水が流出しているときなどは、素早く遮断弁を見つけて閉止しなければなりません。このため、「元弁がどこにあるのか？」、「すぐにそれを閉めなければ！」というとき、「元弁」を壁などに大きく表示し緊急時の遮断を掲示しておくことは有効です。

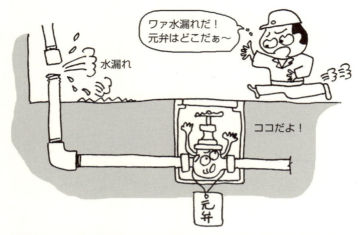

あってよかった緊急時の表示『緊急時はこの元弁を遮断してください！』

7-1-8 完全な逆流防止には逆流防止器を使う

　一般に逆流の防止は「逆止め弁」を用います。しかし、この逆止め弁は構造上、ゴミなどがシートに噛み込むと漏れを生ずる可能性があります。このため逆止め弁が、完全封止ができるという想定のもとで配管設計を行ってはいけません。このようなときでも完全封止をしたい場合は、並列に止め弁をあらかじめ設けてください。なお、この逆止め弁を直列に複数設置（または単なる二重式構造の逆止め弁を設置）しても、同時ゴミ噛み込みの確立が下がるだけで完全な逆止めはできないため、根本的な解決にはなりません。

　ゴミを噛み込んだ場合でも、絶対に逆流させないためのバルブは「減圧式逆流防止器（バックフロープリベンタ）」と呼ばれ、吐水口空間が確保できない給水装置配管などに利用されています（図7-1-2参照）。

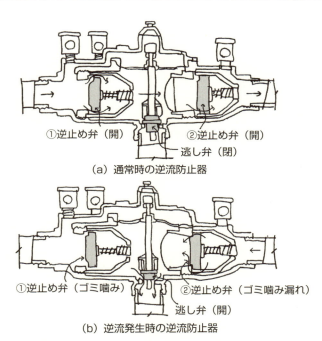

(a) 通常時の逆流防止器

(b) 逆流発生時の逆流防止器

絶対に逆流させないぞ！　バックフロープリベンタ

図7-1-2

7-1-9　渦流と偏流は配管につきもの、偏流の影響を考慮する

　水系の実用配管では、管内の流れ形態は"乱流（層流と相対する現象を表す用語）"で流れます。乱流といっても言葉上の話で、至って規則正しく流れるのです。配管も直管だけで構成されていれば整った乱流で流れますから問題はないのですが、エルボで流路が曲げられたり、チーで分岐・合流されたり、レジューサで拡大・縮小されたりすると、渦流と偏流とが生じます。当然バルブの流路にもこの現象が起こるため、流体の挙動によっていろいろなトラブルが引き起こされることがあります。特に逆止め弁では、弁体の脱落や軸穴の異常摩耗など、重大なトラブルが報告されています（4.2.2項参照）。

バタフライ弁でも、偏流によるアンバランス状態での作動トラブルが報告されています（4.2.1項参照）。

7-1-10 流速は基準以下に制限する

　配管設計を行う際の「流体の最大許容流量」は、基準値が決まっています。機械学会の基準値は表7-1-1のとおりですが、一般配管では、水は流速3 m/s以下、空気は流速30 m/s以下と覚えてください。

　調節弁や調整弁は、一般に流体を相当絞りますから、絞った高速流体によるエロージョン（摩食）で、弁体の損傷やシート壁面の穴明き貫通などのトラブルが予想されます。

　グローブ形調節弁ではケージ形の調節弁やバタフライ弁では櫛歯付・スリッド付・多孔付などの弁体でキャビテーション対策と同様のエロー

表7-1-1　各種工業配管の基準流速（液体の場合）

配　　管		基準流速〔m/s〕
工場一般給水		1〜3
公共用	一般用	1〜2.5
	公共用	0.6
高圧水（5〜10 MPa）		0.5〜1
渦巻ポンプ	吸込管	0.5〜2.5
	吐出管	1〜3
ピストンポンプ	吸込管	1以下
	吐出管	1〜2
水力発電所鉄管		2〜5
消火用ホース		3〜10
ボイラ吸水		1.5〜3
暖房用温水管		0.1〜3
海水		1.2〜2.0

（出典：日本機械学会）

ジョン対策を条件によっては採る必要があります。

7-1-11 キャビテーション発生とダメージ対策

　キャビテーションとは「空洞現象」とも呼び、水系の制御で調節弁やポンプのインペラなどに発生する現象です。調節弁を高差圧状態で小流量の制御に用いると相当の微開絞り状態で流すことがあります。このときキャビテーションが発生することがあり、騒音、異常振動、エロージョンなどのトラブルを引き起こします（❺-❽節参照）。

　キャビテーションが発生すると所望の流量制御ができなくなりますから、まずこの流域から脱することが最優先です。調節弁での高差圧絞り状態を改善するため、同一配管上の手動弁を絞ってみることも選択肢です。バルブを微開状態にしなければならないことは、既に"サイジングミス"でもありますから、バルブや口径を換えてみるのも選択肢です。

7-1-12 どのようなケースで倍力装置を搭載するか

　手動式の止め弁では、弁棒を直接手で操作するためハンドル（仕切弁・玉形弁・ダイヤフラム弁などマルチターン形と呼ぶ）またはレバー（ボール弁・バタフライ弁・コック・プラグ弁などパートターン形と呼ぶ）で開閉操作を行います。ある程度バルブのサイズが大きくなるとハンドルやレバーを可及的に大きくする必要があるため、倍力装置であるギヤ操作機を搭載します。ギヤ操作機の搭載は一般に低圧では仕切弁350Ａ以上、玉形弁250Ａ以上、ボール弁200Ａ以上、バタフライ弁250Ａがおおよその目安です（図7-1-3参照）。

　この中でバタフライ弁については、50Ａからギヤ操作機を搭載したものが製作されています。その理由はレバーよりギヤの方がコンパクトに収まる、急開閉操作ができないなど、単なる倍力装置としての選定条件とは目的が異なるものもあります。

第7章

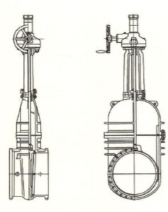

(a) ベベルギヤ式駆動部を搭載した
　　大型仕切弁の例

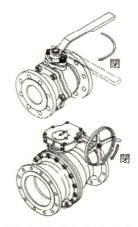

(b) レバー式とギヤ操作式
　　のボール弁の例

(c) ハンマーブロー式ハンドル操作の玉形弁の例

図7-1-3

図7-1-4
バタフライ弁にセンターハンドル式
ギヤ操作機を搭載した例

玉形弁では200 A〜300 Aに"ハンマーブローハンドル"と呼ばれるハンドルの重量を応用し部分的に空転して衝撃を加える構造の倍力装置を搭載したものも製作されています。

バタフライ弁にはウォーム式ギヤ操作機の他に"センターハンドル式"操作機を搭載したものも製作されていて、ヘッダ出口の元弁用など玉形弁と同じ縦配管時、正面からの操作に適した構成となっています（図7-1-4参照）。

7-1-13 国土交通省の標準仕様書を準用

国土交通省公共建築工事標準仕様書（機械工事編）および同監理指針には、建築設備を主体とする一般設備配管工事の仕様が詳細に記載され指定されています（図7-1-5参照）。税金を使う設備・工事ですから、その仕様は一定の高品質・安定性・安全性・耐久性が担保された内容になっており、公共・民間工事を問わず設計事務所・ゼネコン・サブコンの自社基準にも流用されています。ここでは、バルブ選定についても細かく記載しているので、デファクトスタンダードとして参照されることをおすすめします。

図7-1-5　国土交通省「標準仕様書と管理指針」（最新版は平成28年度）

標準仕様書は、過去発生したトラブル対策なども織り込んで3年ごとに改定されていますから、"転ばぬ先の杖"となることは間違いないでしょう。

7-1-14 バルブは交換を考慮して接続端を選ぶ

一般にバルブの接続端は、管や管継手の仕様に合わせて選定されます。ねじ込み形の場合は、原則同一の継手方式を選びます。しかし、ねじ込み配管では、これを連続して接合していくと「地獄配管」と呼ばれる、一種のトラブルである「容易に分解しにくい配管構成」になってしまうことがあります。

このため、適当な間隔で「フランジ形を採用する」、「取り外しが容易なユニオンを設ける」など対策が必要です。

青銅弁やステンレス弁では、フランジ形は高価となるため、汎用設備配管では、ねじ込み変換フランジを用いた安価な方法（「なんちゃってフランジ形バルブ」にする方法）が多く採用されています（7.8.5項参照）。

工業用途向けバルブや自動弁では、交換や修理などによるバルブの着脱が予想されるので、サイズに関係なくなるべく正規のフランジ形バルブを採用されることを推奨します。

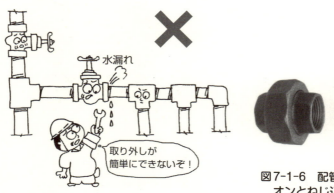

連続ねじ込み接続による地獄配管

図7-1-6　配管途中にユニオンとねじ込みフランジ（変換継手）例

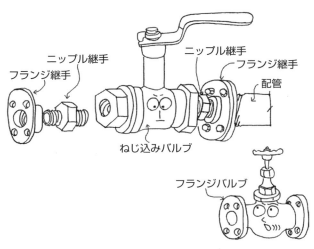

私は正規のフランジ形よ！　俺、なんちゃってフランジ形！
（元はねじ込み形）

7-1-15 許容シート圧力は余裕をもって選ぶ

Point
- 許容シート圧力ぎりぎりのバルブ選定は行わない
- 20～30％のマージン（余裕）をもって選定する

　配管設計では使用圧力、または最大使用圧力があらかじめ設定されますから、これを基にバルブを選定することになります。バルブが配管を上まわっていればよい話ですが、許容シート圧力ぎりぎりのバルブ選定は行わないでください。配管では、ウォータハンマ、異常昇圧、ポンプの停止・始動など予測できない圧力の上昇があることが多く、余裕を持ったバルブ選定が大切です。マージン（余裕）はユーザの経験値ですが、20～30％あればよいでしょう。

第7章

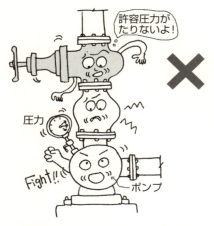

許容値いっぱいの選定をしてはダメ！

7-1-16 断熱配管系ではロングネックのバルブを

Point
●断熱配管系（保温・保冷施工）では、ロングネックのボール弁、バタフライ弁を選ぶ
●冷水系では結露防止も考慮

　冷温水系や高温水・蒸気系の配管は、通常"ラッギング"と呼ばれる配管の保温・保冷のための断熱施工工事が行われます。当然、バルブもラッギングするので、断熱材の厚み（断熱厚さと呼ばれ寸法が規定されている）をカバーできるネック部の長さが必要になります。
　一般に仕切弁や玉形弁はボンネット部を有しており、十分な断熱厚さを確保できます。しかし、通常品ではネック部が低く製作できるボール弁やバタフライ弁には十分な断熱厚さが確保されていません。断熱厚さを必要とする場合は、"ロングネック"と呼ばれる仕様（建築設備用）のバルブが製作されているので、これを選定する必要があります。

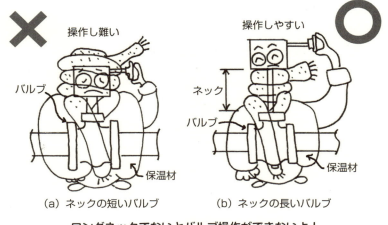

(a) ネックの短いバルブ　　　(b) ネックの長いバルブ

ロングネックでないとバルブ操作ができないよ！

7-1-17 ステンレス鋼・銅の配管に鉄製バルブを設けない

Point
- 異種金属接触腐食を避ける
- 電気絶縁対策も考慮

　水系など導電性流体配管では、ステンレス鋼・銅の配管系に鉄製バルブを設けてはいけません。4.1.1 腐食「鋳鉄バルブの錆び付きによる開閉不能」事例で紹介した"異種金属接触腐食"を発生する可能性があります。筆者はセミナーなどで「水配管において、自社でこの事例を見かけたらすぐにバルブを交換してください」とアドバイスしています。

　配管設計でのバルブ選定の基本は、配管系と同等もしくは貴な金属を選ぶことです。まったく同一の材料でなくてもステンレス鋼と銅などほぼ同一の腐食電位の場合もありますから、組み合わせは必ずしも長期の安心利用のコストダウンを妨げるものではありません。

　対策の1つとして「絶縁フランジ」を用いる電気絶縁対策も選択肢としてありますが、市場の評価では完全な対策にはなっていないようです。

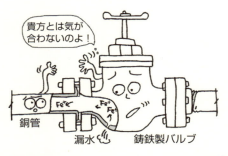

まずい、お呼びでないね！　ここは銅・ステンレス管の隣か！

7-1-18 仕切弁は中間開度で使わない

「玉形弁、またはバタフライ弁に換える」。

4.3.2項「仕切弁中間開度での使用破損」で説明したように、仕切弁は中間開度（絞り）には使用できません。あらかじめ中間開度での使用が予想される場合は、玉形弁または絞りが認められた（対策品）バタフライ弁に換えましょう。

仕切弁は中間開度の絞りには利用できません！　残念

7-1-19 サービスバルブ（捨てバルブ）を忘れずに

Point
- 何かトラブルが生じた場合を想定して適当位置に止め弁をあらかじめ設けておく
- 配管には捨てバルブやドレンバルブなど各種のサービスバルブが必要となる

　配管システムでは、正常運転に至るまでには、試運転や調整段階で配管系のゴミを排出したり水を張ったり排出したりする必要があり、そのためにサービスバルブやドレンバルブが用いられます。これらのバルブは通常配管設計図には示されておらず、施工者が経験で設けることが多くあるため、これらを忘れると運転者やメンテナンス者泣かせとなる場合が多く見られるので注意が必要です。

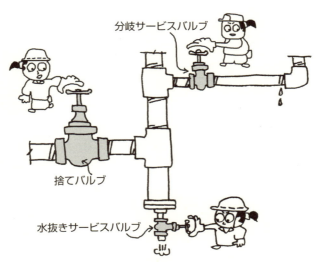

ついててよかった！サービスバルブを忘れずに

7-2 配管施工

7-2-1 防塵保護具は作業直前に外す

　バルブの接続端には、傷ついたり中にゴミが入ったりしないように防塵保護具が取り付けられています。これらは、配管作業の直前まで外さないようにしましょう。

　配管時には防塵保護具は忘れずに必ず外してください。フランジ保護具の取り外しを忘れ、これが原因で水が流れなかったなどの笑い話もよく聞きます。

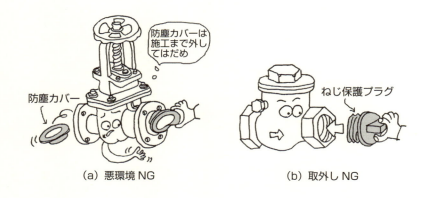

(a) 悪環境 NG　　　　　(b) 取外し NG

7-2-2 バルブには負荷をかけすぎない

　金属製のバルブは一見強度がありそうに見えますが、実はかなりナイーブな機器なのです。取り扱いや保管環境に注意しましょう。バルブを足場にしての作業や過度な配管応力がかかることは避けましょう。

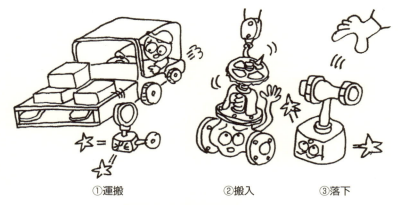

①運搬　　　　　　②搬入　　　　　　③落下

取扱注意　取扱いは慎重にしてね！

俺たち金属製だけど意外とナイーブ！

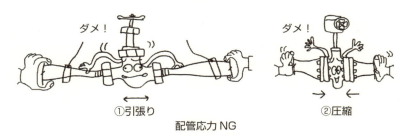

①引張り　　　　　　　　　　②圧縮

配管応力 NG

バルブには配管応力がかからないようにしてね！

7-2-3　ねじ込み形は適正な力で締める

　小口径の配管接続で標準的に利用されている「管用テーパねじ」接続では、青銅製バルブへの工具締めねじ込みトルクが決められています（メーカのカタログなどを参照）。

　過度なトルクでねじ込みますと、比較的材料強度の強いマリアブルや鋼製の管継手に比べ青銅製バルブは管端部の強度が弱いため、いくらでも入っていきます。過度なトルクでのねじ込みは、「バルブ配管突き（または突き当て）」と呼ばれるトラブルなどの原因ともなります。特に安価なメーカ標準設計のバルブには、管深さがJIS規格値より短いものも

あるので、施工に注意しましょう。

一般に、ねじ込み接続の工具締めトルクの管理は難しい（施工現場にトルクレンチなどは準備されていないことが多い）ため、バルブメーカではサイズやトルクに関係なく「手締め停止位置から工具で約2回転（2ピッチ）ねじ込む」ことを推奨しています。

「残りねじの山数管理（挿入残りの外部ねじの山数で締め込み良否を管理する方法）」はお勧めできません。また、管のおねじが規格値より細い"細ねじ"の場合も同様な配管突きを生ずることがあるので、ねじゲージなどでしっかりと良否を管理しましょう。

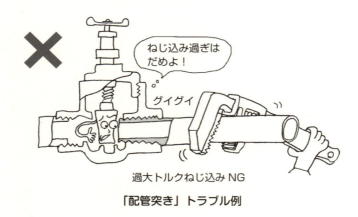

過大トルクねじ込み NG

「配管突き」トラブル例

7-2-4 バルブを万力でくわえない、バルブにパイレンをかけない

ねじ込み形のバルブを万力（バイス）でくわえてはいけません。ねじ込み端や胴部が変形して漏れやトラブルに繋がります。管をパイプバイスでくわえ、バルブをねじ込む作業を行いましょう。

バルブをパイプレンチでくわえて作業を行ってはいけません。変形や傷、漏れなどのトラブルに繋がります。バルブ接続端には必ず六角もしくは八角の"角面"が設けられているので、スパナ・モータレンチなどの専用工具を使用してねじ込みましょう。

トラブルを未然に防ぐためのポイントアドバイス

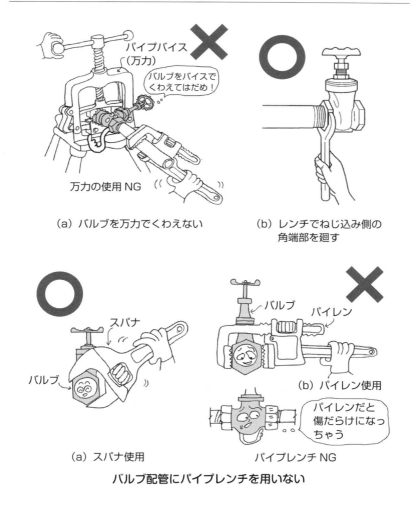

(a) バルブを万力でくわえない

(b) レンチでねじ込み側の角端部を廻す

(a) スパナ使用

(b) パイレン使用

パイプレンチ NG

バルブ配管にパイプレンチを用いない

7-2-5 バルブ姿勢直し時の逆廻しに注意

　ねじ込み形では、いったん締め込んだ状態からねじが緩む方向への回転は原則禁止です。バルブは管や継手と異なり"姿勢合わせ"と呼ばれるバルブのハンドルをきれいに上方に位置を合わせる作業を伴います。このときやむを得ず緩める回転方向（反転）に廻してしまうことがありますが、接続部漏れのトラブルとなることがあります。また、2ピース

181

形のボール弁では、このときボデーとキャップの接合部（同着部と呼ばれる）の方が緩んでしまい、同着漏れトラブルを生ずることがあります（**図7-2-1**参照）。

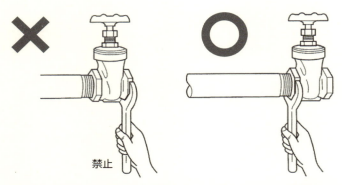

図7-2-1 ねじ込む側と反対側をつかむとボール弁では同着漏れを生ずることがあります

２ピース形のボール弁では、このときボデーとキャップの接合部が大きく緩んでしまい、気が付かないうちに部品が脱落して水が溢れたトラブル事例も現出したので、あなどれません。圧力下での配管工事は絶対に行わないでください。

逆転はキャップが緩むから止めて！

脱管して大水が出て大騒ぎ！

なお、操作機などを持ってのねじ込み作業も行ってはいけません。

操作機などを持ってねじ込んではダメ！

7-2-6 樹脂ライニング鋼管には管端防食コア付バルブを適用、ハンドル色で識別

　樹脂ライニング鋼管にはその管端の腐食を防止するための「コア」があらかじめ装着された専用バルブ「管端防食コア付青銅弁」を使用します（❸-⓫節参照）。このコアはバルブ側に一体に装着されていますから、この専用バルブを利用すればコアの入れ忘れはありません。実際の配管・

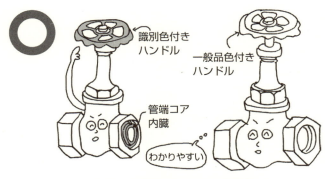

ハンドル色で管端防食コア仕様を確認できる

バルブは内部が外からは見えませんから本当にコアが入っているか施工後は確認することができません。この専用バルブは、給水用／給湯用に分かれていて、ハンドルや銘版などでカラーリング識別されています。カラーはメーカごとに異なりますが、配管後もバルブハンドルのカラー識別で専用対策バルブが適用されていることを確認できます。

7-2-7 バルブは分解をしてはいけない

ねじ込み配管ではまれにバルブを回転することができない場合があり分解してボデーだけを先に付けて後からボンネットを組み立てる方法を取ることがありますが、バルブは絶対に分解してはいけません。一般に青銅製の止め弁・逆止め弁は、ボデーとボンネットとのねじ込み接合はメタルタッチとなっていて、ストレーナを除き分解を前提に製造されていません。分解したバルブは漏れても保証の対象とはなりません。

壁側近くでバルブ側を回転できないときは、ユニオン継手などを用いましょう。

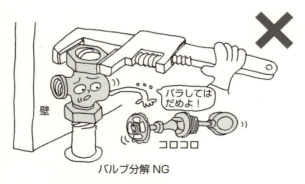

バルブ分解 NG

バルブを分解して配管してはいけない

7-2-8 鋳鉄フランジにはメタルガスケットを用いない

一般に材料鋳鉄製や青銅製のバルブは低圧向け（5 K、10 K）の仕様で製作されます。これらの呼び圧力用のフランジ規格では、ガスケット

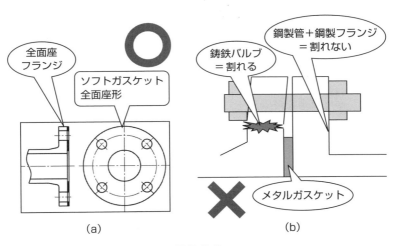

図 7-2-2

鋳鉄製フランジには硬質ガスケットを用いない

の接合面には"全面座"が指定されています（図7-2-2参照）。全面座には、原則全面座当たり用のソフトガスケットを適用します。"平面座"用の硬質ガスケットを用いますとボルト・ナットを過度に締めたときフランジが割れるトラブルがあります。鋳鉄は割れに弱いため取り扱いには注意が必要です（❸-❺節参照）。

7-2-9 ウェハー形バルブの芯出しをしっかりと、片締めにならぬように

　フランジ形接続の1つの形態のウェハー形は、フランジ形に比べ芯出ししにくく片締めになりやすいので、接続には注意しましょう。ボルトの手締め時によく芯出しを行い、ボルト締めは"片締め"にならぬよう対向するボルト・ナットを交互に締めていき最後にしっかりと締結します。

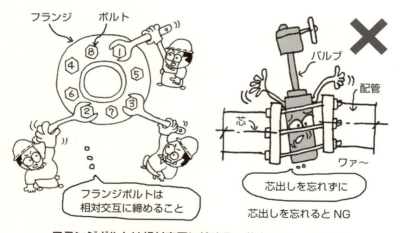

フランジボルトは相対交互に締める　　芯出しをしっかり！

7-2-10 ゴムシート中心形バタフライ弁にはガスケットは不要

　一般に「ゴムシート中心形バタフライ弁」は、ゴム製のボデーシート部が配管用ガスケット部を一体で兼ねて製作されています。このため、

配管用ガスケットを別に用意する必要はありません（バルブにも、別に付属されていません）。ソフトガスケットを重ねて使うとかえって操作トルクの増大などトラブルになることがあります。

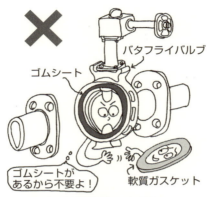

軟質ガスケットNG

ゴムシート中心形バタフライ弁にはガスケットは不要

7-2-11 管端つば出し加工管のウェハー形バルブ接続は注意

　一般配管用ステンレス鋼管（俗称：薄肉ステンレス管）のフランジ形接続では、近年管の先端部をプレファブ熱間フレア加工（一般に管端つば出し加工と呼びます）して管先そのもので平面座を作り鋼製のラップ（ルーズ）ジョイントフランジで接続する安価な方式がトレンドになっています。

　この管加工製法では、製造できる平面座の外径寸法に制限を有するものがあり、規定値より小さくなってしまう場合があります。これをウェハー形のゴムシート中心形バタフライ弁に適用すると、ゴムシートに食い込んでトラブルとなることがあるので、加工管の鍔部外径寸法は、事前に確認することが必要です。このバルブ以外の弁種では問題ありません（図7-2-3参照）。

第7章

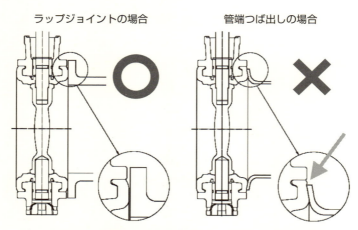

図7-2-3　管端つば出し工法（右）でのトラブル事例

7-2-12 バルブの取付け姿勢制限に注意

　バルブにはその機能を発揮できる配管取付け姿勢が決められています。特に逆止め弁には、この姿勢制限が多く設けられているので、取付け姿勢制限は、事前にチェックしてください。メーカの取扱説明書にはこの制限が示されています（図7-2-4参照）。

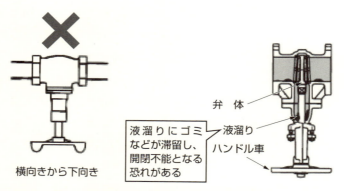

図7-2-4　仕切弁の配管取付け姿勢制限の例（4.1.2項参照）

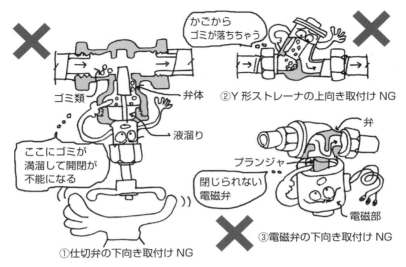

バルブには取付け姿勢に制限があるよ！

7-2-13 バルブの流れ方向に注意

　バルブにはその機能を発揮できる配管取付け方向（流れ方向＝正流）が決められています。流れ方向が決められているものは、ボデーの鋳出しマークや銘版にて"矢印"でその方向が表示されています。表示に従って正しく配管しましょう。仕切弁、ボール弁、ゴムシート中心形バタ

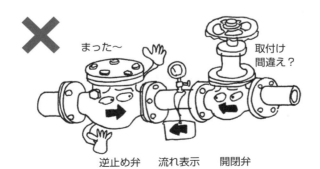

バルブやストレーナの流れ方向をよく確認して配管しましょう

フライ弁など一般的に流れ方向に制限のない止め弁には、矢印表示はありません。

7-2-14 流れの状態を考慮してバルブ設置位置を決める

Point ●エルボやレジューサの二次側は要注意

4.2.1や4.2.2項で説明したように、エルボや拡大レジューサの直後にバルブを設置すると、流れに起因したトラブルになることがあります。原則、これらの管継手の直後（少なくとも5D以内）にはバルブを設置しないようにしましょう（図7-2-5参照）。

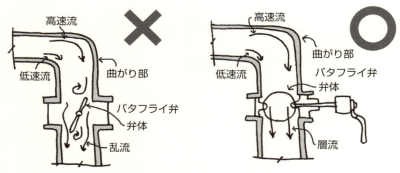

（a）弁の方向で流れが乱れるのでNG　（b）弁の方向で流れが乱れないのでOK

図7-2-5　曲がり直近にバルブを設置しない

7-2-15 ハンドル・バルブの相互干渉チェック、メンテスペースの確認

バルブにはハンドル開閉操作（回転）範囲干渉や、メンテナンス時に取り外しスペースを必要とするものなど"スペース設計"を伴うものも多くあります。空間イメージでの確認は実際難しいので、配管施工図を作成する二次元CAD姿図を利用すると便利です。データにバルブハン

ドルの回動範囲やメンテナンススペースなどが示され、メーカから提供されているので、事前検討ができます。

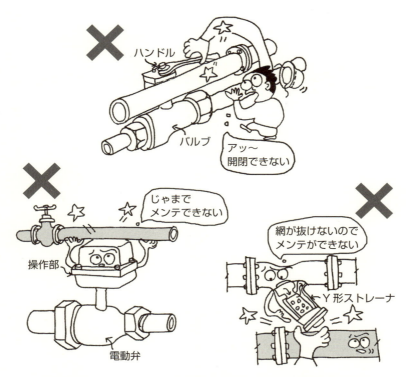

バルブやストレーナにはメンテナンススペースが必要な場合も

7-2-16 管系統の識別はバルブハンドル色が便利

　建築設備配管などでは、各種設備が輻輳して配管されることが多くあるため、配管誤接続（クロスコネクションとも呼びます）トラブルを発生することがあります。トラブル事例としては、一般に同じ管種を適用する給水ラインと雑用水ラインとの誤接続が多いようです。その防止対策として、一般には配管ラインに用途表示識別などを行いますが、事後

まとめて表示を張り付けると、ここで間違うこともあります。バルブにはハンドル色という確実な識別が存在するので、この方法を適用する（同じ管種を用途であえて別にして使い分ける＝バルブハンドルの色が変わる）ことも有効だと思われます。

7-2-17 雨中の電気工事は行わない、電気配線は再確認、仕様銘版は外さない

電動弁、空気圧自動弁の電磁弁・リミットスイッチ、手動操作弁のリミットスイッチなど外部から電気接続を行う「電気工事作業」は雨中では行ってはいけません。操作機や端子箱への水の浸入などでトラブルとなることがあります。

また、電気接続は誤配線や誤電源投入などで基板などが焼損する致命的なトラブルも多くあります。電気回路図での配線再確認や操作機の銘版での電源再確認を行いましょう。まれに現場の給電源や操作機現品の

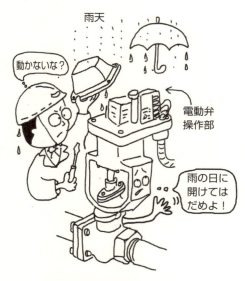

雨中の電気配線工事はやらない

電気仕様が指定と異なっている場合が見られます。

　電動操作機などに貼り付けてある仕様を示す銘版は、外さぬようにしましょう。電気仕様などが不明になってメンテナンス時にあわてることがあります。取扱説明書や図面類もしっかり保管しましょう。

銘版などは無理に剥がさない

7-2-18　重いバルブを配管で支持しない、バルブの支持は適切な方法で

　金属製のバルブは一般に重量物になります。配管・バルブに流体の水が入りますとなおさら重量が増加します。特に大口径になるとその状態は顕著です。重いバルブは単独でのサポートを計画しましょう。

重いバルブは単独でサポートする、配管に応力をかけない

7-3 バルブ開閉操作

7-3-1 バルブ操作は適正トルクで

バルブは「可動部（弁体）を有する配管用機器」ですから、その操作やシートのシール機構にかかわるトラブルも多く現出しています。

- バルブの操作力は決められている
- 操作トルク過多は異常の信号
- ハンドル廻しを用いない

バルブを操作するハンドルやレバーの開閉操作力（操作トルク）は、想定した人力を基に設計によって適切に決められています。したがって、バルブに付属しているハンドルでそのバルブの開閉操作ができなくなった場合は、何らかの原因があるものと判断して点検や保守・保全を行ってください。

特に仕切弁の弁体は楔型（くさび）となっているため、過大ではない操作トルクでも弁体が食い込みやすい構造であるため、ハンドルの締め過ぎにより弁体が弁箱に食い込んでしまい、作動トラブルになることがあります（図7-3-1参照）。

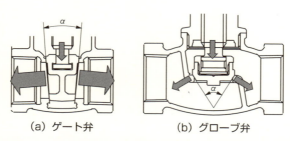

(a) ゲート弁　　(b) グローブ弁

図7-3-1　楔（くさび）構造で仕切弁は玉形弁に比べて弁体が下がりやすい

操作トルクが重い場合、しばしば「ハンドル廻し」を利用することがありますが、中大口径バルブでかつやむを得ない場合に限定して利用してください。この場合でも操作トルク値は制限（バルブユーザガイド参照）されています。

 また、2B（50A）以下のバルブには「ハンドル廻し」を用いてはいけません。

(a) 小口径バルブにはハンドル廻しや延長パイプを用いてはいけません

(b) 大型弁でどうしてもハンドル廻しを用いるときは、操作トルクを基準内に制限してね！

7-3-2　ポジションシートバルブの閉止操作感に注意

　ボール弁やバタフライ弁などのパートターン形操作のバルブでは、4.3.1項で説明しました「ポジションシートは閉位置を超えて操作しても漏れは改善しない」ことをよく理解して操作を行ってください。過度なトルクでの操作はバルブの破損トラブルになることがあります。

全閉位置からさらに締め込み NG

パートターン形のバルブは全閉位置を
超えて操作してはいけません

7-3-3　バルブは速く開閉する方がトラブルが多い

　4.2.5項でも説明しましたが、バルブの急激な開閉操作でウォータハンマやスチームハンマなどのトラブルが発生することがあります。バルブの操作は、「ゆっくり操作」が基本です。ボール弁やバタフライ弁などのパートターン形操作のバルブはレバー操作では急開閉操作が可能ですので、ギヤ式にしてあえて開閉操作を遅く行うことも考慮してください。

バルブ開閉操作は基本ゆっくりと

7-3-4 減速機だけど遅速装置に利用する

7.1.12項「どのようなケースで倍力装置を搭載するか」でも説明しましたが、ボール弁やバタフライ弁などのパートターン形操作のバルブはレバー式の場合、急開閉操作が可能なので、ギヤ操作機などを搭載して、あえて開閉操作を遅くすることも考慮してください。特にバタフライ弁では、小口径（50 A）からギヤ操作にするとよいです（国土交通省「標準仕様書」で指定）。

(a) ロックレバー式　　　　　　　(b) ギヤ式

図7-3-2　バタフライ弁は、なるべくギヤ操作式とする

7-3-5 ウォータハンマを発生しにくいバルブを選ぶ

- 電磁弁⇒電動ボール弁
- レバー式操作⇒ギヤ操作
- 逆止め弁⇒衝撃吸収式

バルブの閉止動作によりウォータハンマ（トラブル）を発生する場合は、発生しにくいものを選ぶようにします。

4.2.5項「ウォータハンマによるバルブの破損」で説明しましたように、配管で発生する場合にはアキュムレータ（衝撃緩衝器）やハンマアレスタのような防止機器を設置するしかありませんが、バルブそのものが発生源になっている場合は、ある程度対策が可能です。

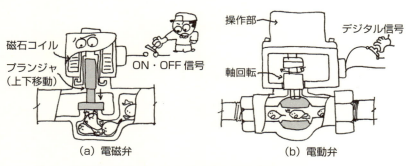

電磁弁のウォータハンマ対策は⇒電動ボール弁に！

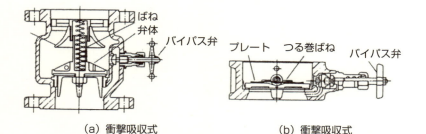

図7-3-3　国土交通省「標準仕様書」で指定されている「衝撃吸収式」の逆止め弁構造

トラブルを未然に防ぐためのポイントアドバイス

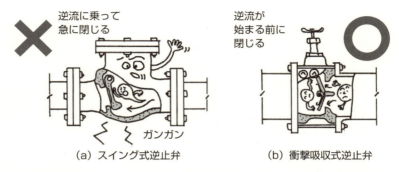

(a) スイング式逆止弁　　　　(b) 衝撃吸収式逆止弁

衝撃吸収式はバルブの逆流急閉止によるウォータハンマの発生を防ぎます

　開閉スピードが著しく速い電磁弁の場合は、操作スピードの遅い電動ボール弁に換えるとよいです。レバー式操作⇒ギヤ操作は、前項のとおりです。逆止め弁の場合は、ばねを設けている図7-3-3の「衝撃吸収式（国土交通省「標準仕様書」で指定）」に換えてください。

7-4 試運転・運転

> Point
> ● フラッシングをしっかりと
> ● フラッシング中はバルブを開閉しない
> ● ストレーナを設置する

　バルブのシールトラブルは、「ゴミ噛み」がその要因となっており、発生件数はダントツの第1位です。配管工事後の配管内には、配管時のシール剤、溶接スパッタ、錆びの剥離片、加工時の切粉片、土砂・塵埃などの介在物、などいろいろな"ゴミ"が残留していることが普通です。このため試運転前にフラッシング（洗浄排出）を確実に行ってください。その際、バルブは全開で行いフラッシング中はバルブを開閉操作しないことが重要です。減圧弁など絞ることを専用としているバルブはバイパスしたり取り外して短管に換えたり適切な処置をしてください。

液体またはバルブ	メッシュ
給水・冷温水用	40
電磁弁・自動弁保護用	80
蒸気用	80

試運転の前に必ず清掃、フラッシングを！

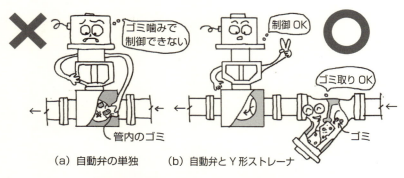

（a）自動弁の単独　　（b）自動弁とY形ストレーナ

自動弁の手前にはストレーナを設置してね！

　各種自動弁は基本的にゴミに弱いので、必ず適切な網目のストレーナを設置してください。一般の水では、40メッシュを、蒸気や自動弁については80メッシュ（ただし、自動弁メーカの推奨は60メッシュ）を適用することが適当です（国土交通省「標準仕様書」で指定）。

7-4-1 配管の結露はトラブルのもと

　4.4.1項「結露水によるハンドルの錆、水漏れ」で説明したことをよく

理解して対策を行ってください。

冷水耐用ボール弁の場合、一般用だと首部が短く保温代が確保できないことがあるので、必ず「ロングネック」仕様品を選定してください。かつ金属製ではなく樹脂製ハンドルを適用すると結露対策も万全です（国土交通省「標準仕様書」で指定）。

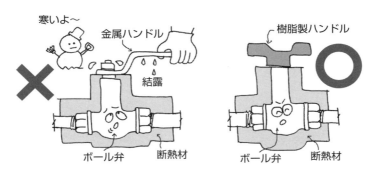

冷水配管には結露防止仕様でね！

また、バタフライ弁の場合はボール弁と同様に「ロングネック」とし、かつ「結露防止」仕様品を選定してください。特にアルミ合金製のゴムシート中心形は、材料の熱伝導がよいため、対策品でないと結露トラブルを起こします。

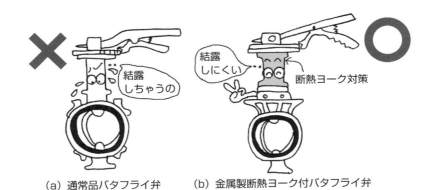

(a) 通常品バタフライ弁　　(b) 金属製断熱ヨーク付バタフライ弁

冷水仕様には「ロングネック＋結露対策」仕様で

7-4-2　配管・バルブの凍結はアウト

　4.4.3項「バルブの凍結割れ」でも説明しましたが、水系流体の利用でバルブや配管を凍結させることは、絶対避けてください。バルブや配管装置の破損トラブルに繋がります。

　配管が凍結する可能性がある場合には、保温施工や水抜きなど凍結防止対策を確実に行ってください。事例を見ると、寒冷地では一般に対策されていることが普通ですので、トラブル発生は割と少ないのですが、通常温暖な場所では適切な処置が行われていないことも多く、発生事例も現出しています。

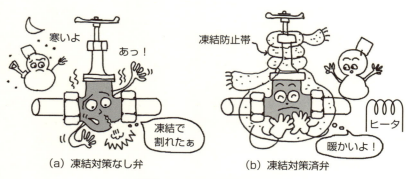

(a) 凍結対策なし弁　　　(b) 凍結対策済弁

今年は寒いよ！　凍結注意！

7-4-3　流体による異常昇圧に注意

　4.4.2項「バルブ内部での異常昇圧による破損」でも説明しましたが、仕切弁やボール弁などのシート部が2つある止め弁（流れ方向は制限されていない）の場合、バルブ内部の2つのシート間の空間（キャビティとも呼ぶ）に封入された流体が加温されると、膨張や気化によってバルブ内部空間が昇圧する「異常昇圧」トラブルを生ずることがあります。超低温のLNG、油や蒸気など液体で発生することが知られています。

事前に異常昇圧が予想される場合は、2枚あるバルブシートのうち、上流のシート部に圧力逃がし穴(均圧穴またはジスクホール付と呼ぶ)を設ける対策を採用します。

シートは1枚あれば封止できるので問題ありませんが、バルブに流れ方向の制限が付くので注意してください(図7-4-1参照)。

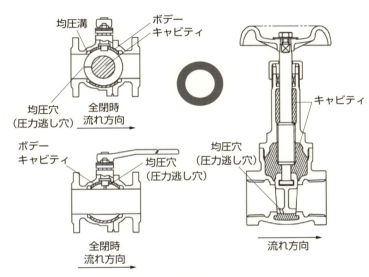

図7-4-1　圧力逃がし穴付で異常昇圧対策したボール弁と仕切弁

7-4-4 配管レベルでの異常昇圧も考慮

Point
- 2つのバルブ間や配管機器間での配管異常昇圧もある
- 安全弁などで対策

異常昇圧の発生源は、バルブだけとは限りません。封止された2つのバルブ間や機器などで生ずることもあります。この場合は、配管途中に適切な安全弁、または圧力逃し弁を設置してください。安全弁はガス・蒸気用、逃し弁は水・液体用の区分で業界では呼ばれています。

7-4-5　パッキンから漏れたら増し締めする

- パッキンには応力緩和が付きもの
- パッキンは消耗部品、交換する

　バルブのパッキンは、流体条件で適切なものを選定する必要があります。一般にパッキンは軟らかい材料を用いるので、「応力緩和」が付きものです。応力緩和とは、時間の経過に伴いパッキンの面圧が減少して封止力が落ちることです。ノンアスベスト（樹脂系）パッキンは旧アスベストパッキンよりこの現象が顕著に表れます（図7-4-2参照）。

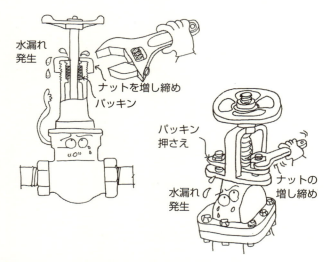

図7-4-2　パッキンから漏れたらナットを増し締めして漏れを止める

　応力緩和は、新規に製作したバルブにもまれに現出することがありますが、「増し締め」といって漏れが止まるまでパッキンを締め直せば解決します。ただし、次第に硬化が進行し劣化するため、増し締めしても止まりが悪いようなら部品（パッキンそのもの）を交換します。
　なお、増し締めは漏れと止まりの状態を見ながら、徐々に行います。

パッキンを締め過ぎて、トルクが重く操作できないなどの笑い話も現実にあります。

パッキンは"締結"ではないから、ねじの締め過ぎはダメ！

7-4-6　バルブ止めによる配管圧力検査の注意

Point
- バルブ止め圧力検査は原則行わない
- 実施する場合はバルブの封止許容圧力を確認

　配管施工（工事）が完了すると一般に圧力をかけて漏れ検査を行い"工事完了"となります。配管全体を圧力検査することが基本ですが、部分的に工事完了区間だけを細かく分けて検査を行うことが実際多く行われています。この場合は、要所に配されている止め弁を封止区間の終点としてこれを締め切って反対側から耐圧試験圧力を加えます。これを業界では"バルブ止め検査"と呼んでいます。このとき配管漏れの試験圧力（一般に最大使用圧力の1.1〜1.5倍を採用）がバルブ止めのバルブシート許容圧力を超えてしまうことがあり、バルブの漏れや破損に繋がる事例も現出しています。

　バルブ止め圧力検査は原則行わない、もしバルブ止め検査を実施する

場合は、バルブの封止許容圧力を確認して、この範囲を超えないようにしてください。バルブのシート許容圧力を超えて圧力を印加した場合はバルブの保証を得ることができません。バルブは出荷時の圧力検査としてシート許容圧力の1.1倍を加えてシート漏れ試験を行っていますが、これは保証値ではなく、あくまでバルブ単体の確認検査値であることを忘れてはいけません。

バルブの最高許容圧力を超えた配管の耐圧試験をしてはだめ！

7-5 材料・腐食

7-5-1 ゴム材料は流体を選ぶ

Point
- 流体とゴム材料の相性をよく考慮
- 耐塩素仕様のフッ素ゴムはほぼ万能

4.1.4、4.1.5項の「ゴム材料の腐食・劣化によるトラブル」で説明したように、ゴムには耐食性や耐温度でいろいろな制限が多くあり、いわゆる「流体を選び」ます。トラブル事例では、給湯や高塩素水⇒FKM（フ

ッ素ゴム：耐塩素性ゴム）、油や空気圧源（圧縮空気）⇒NBR（耐油性ゴム）を選定するよう示しています。

なお、給湯でもボイラや貯湯槽の出口近くでは、温度が80℃を超えるケースも多く、ゴム材料をPTFE（四フッ化エチレン樹脂）またはメタルのシートに換えることをおすすめします。

表7-5-1

流体	○ 適	× 否
給水・冷温水	EPDM	
給湯	FKM	EPDM
油	NBR	EPDM

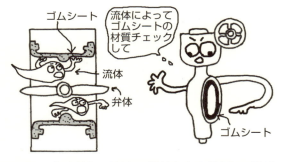

樹脂・ゴム材料は流体との相性をよく考慮して選ぶ

7-5-2　銅合金材料は流体を選ぶ

Point
- 流体と銅合金材料の相性をよく考慮
- アンモニア系流体や雰囲気には銅合金を避ける

銅材料は水や空気など汎用流体にはよい耐食性を示します。しかし、特定の流体には腐食しやすいので、選定には注意してください。アンモニアやアミン系が含まれる流体には、銅合金は避けてください。一部の

ダクタイル鋳鉄弁には、ガスケットとして軟質の銅合金を適用しているバルブがあるので、選定時に注意してください。

7-5-3 四フッ化エチレン樹脂にも弱点が

- 腐食しないPTFEも膨潤してトラブルが
- モノマーや溶剤には標準のPTFEでは対応できない

　PTFE（四フッ化エチレン樹脂、通称：テフロン®）は、一般にほとんどの汎用流体には良好な耐食性を示し、ボール弁などバルブシートに多用されています。しかし、この四フッ化エチレン樹脂にも相性の悪い相手は多くいます。

　特殊な流体になりますが、石油系溶剤、スチレンモノマーや塩ビモノマーなどのモノマー類、ブタジエンなどは、分子がPTFEの空隙に浸入して、ここで重合膨潤して作動トラブルになることがあります。また、同様の要因でPTFEガスケットの"花咲き"現象トラブルとしても知られています。

　これらの対策方法は経験則で存在するので、メーカに相談されるとよいでしょう。

7-5-4 鉄系材料は錆びを予想する

- 鉄系材料は必ず錆びる
- 局部腐食を予想して使う
- 管やバルブの肉厚には腐食代があらかじめ設けられている

　4.1.1〜4.1.3項「腐食による鉄系バルブ（管）のトラブル事例」でも説明しましたが、「鉄系材料は必ず錆びる」と認識して選定してください。したがって、錆びを生ずることが許されない用途には鉄や鋼の配管材料

バルブには"腐食代"が付加されているから、少々錆びても安全だよ！

は適用できません。水での耐食材料（青銅、黄銅、ステンレス鋼など）や樹脂ライニング施工など発錆を抑制したバルブや管なら適用することができます。

　発錆しても特段問題にならない用途（冷温水、冷却水、水系消防、圧縮空気）には、鉄や鋼の配管材料を適用できますが、あくまでも局部腐食がないよう注意して利用します。

　鉄や鋼の配管材料の全面腐食に対しては、一般にバルブや管には強度上必要な肉厚とは別に"腐食代"と呼ばれる付加肉厚をあらかじめ加算して製作されているので安心です。ただし、長期間の利用では、必ず定期的な肉厚チェックを行い健全性の維持確認が必要です。

7-5-5　塗装をうまく使いこなす

Point
- 鉄系材料では、外部環境腐食を考慮して塗装を選ぶ
- 潮風や埋設など特殊な環境には特殊塗装を指定

　バルブの防食には、ステンレス鋼などの耐食性のある高級材料に換え

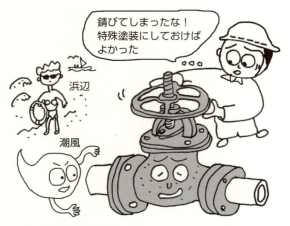

塗装は「色がきれい」だけじゃないんだ！

ることでその対策を打てますが、やみくもに材料を変更したのでは、経済性で不利です。

　一般に鉄系材料は錆びるため、塗装やめっきで防食を行います。特に配管の周囲環境（屋外などは風雨による錆びや空気による酸化があるので、鉄系材料では、外部環境腐食を考慮して塗装を選ぶことが重要です。特に潮風や埋設など特殊な環境には、特殊塗装を指定することが必要ですので、メーカに相談してください。

7-5-6　ステンレス鋼をうまく使いこなす

Point
- 鉄系材料では、外部環境腐食を考慮してステンレス鋼を選ぶ
- 外部露出のボルト・ナット類は、ステンレス鋼にするとよい

　鉄系材料の防食では、前項の塗装による対策もありますが、特にバルブ着脱や分解再組立て時に工具をかけるボルト・ナット・止めねじなど（塗装では防食できない部分）には、材料をステンレス鋼とする方が、煩わしくなくかつ費用対効果が上がる場合が多くあります。

●ステンレス鋼は錆びないわけではない、ステンレス鋼を過信しない
●マルテンサイト系やフェライト系のステンレス鋼は水で錆びる

　ステンレス鋼は、一般にオーステナイト系（18 Cr-8 Ni合金鋼）を指しますが、同じステンレス鋼といってもきわめて多くの種類があり、すべて同じ耐食性を有するわけではありません。特に、マルテンサイト系やフェライト系（13 Cr鋼）ステンレス鋼は、水で錆びますから「ステンレス鋼は錆びにくい」程度で考え、耐食性を期待しすぎないようにしましょう。

ステンレス鋼さんは意外とナイーブなんだね！

7-5-7　ステンレス鋼は熱処理をしっかり

●クロムが炭化して実効量が減少する
●炭化したクロムをもとに戻してやる固溶化熱処理
●残留応力を低減する安定化熱処理

　ステンレス鋼はクロムを多く含有する高合金鋼ですが、鋳造や溶接によりいったん溶解すると凝固した後不安定な状態になります。クロムが

炭素と結びついてその実効量が減少する（一見Cr量が少なくなったような状態）ことが生じることがあります。この耐食性を妨げるCrの析出物（クロムカーバイト）を固溶体中に溶け込ませるための熱処理を"固溶化熱処理（1010～1150℃で急冷）"といいます。鋳造では製造工程でこの処理を行っています。

また、ステンレス鋼の溶接接合では、残留応力で割れが発生したり耐食性が劣化したりすることがあるため、シビアな条件では"応力除去熱処理（加熱温度約900℃）"や"安定化熱処理（900℃に加熱）"を行う場合があります。

7-6 蒸気配管での注意点

7-6-1 蒸気ラインの止め弁には玉形弁を適用

蒸気は水の変態の1つですが、ガス状（圧縮性で爆発の可能性あり）・高温で危険流体であることが特徴です。バルブ開放時には、少しずつ開いて徐々に蒸気を流して配管や機器を温めながら行います。このため、止め弁（玉形弁）の構造でも説明しましたが、スチームハンマ発生防止のため、バルブを急開放ができない構造のバルブ、すなわち「玉形弁」

蒸気ラインの急開放は大変危険です

を適用します。

最近では、軽量コンパクトなバタフライ弁（PTFEシート・メタルシート）も低圧の蒸気ラインの止め弁に多く適用されるようになっています。バタフライ弁を蒸気ラインに適用する場合は、あえて急開放ができないようにウォームギヤ式操作機付とします。

7-6-2　汎用仕切弁は用いない

汎用の仕切弁（ソリッドウェッジ構造の弁体）は、「弁体の挟み込みトラブル（4.3.3項参照）」を生ずる場合があります。弁体の挟み込みがない前項の玉形弁、またはバタフライ弁を用いましょう。温度が低いドレンラインには、汎用仕切弁を使うことが可能です（標準仕様書で明記）。

工業用バルブでは、蒸気にも仕切弁を適用しますが、弁体が専用のフレキシブルウェッジ構造で製作されているので蒸気に利用することが可能です。

おや、蒸気ラインの仕切弁が開放できないぞ！

第7章

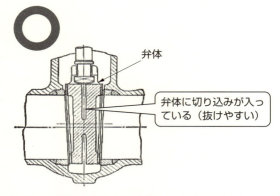

図7-6-1　工業用仕切弁の構造例（フレキシブルウェッジ形）

7-6-3　ドレン水は速やかに排出する、乾き度を上げる

　一般に蒸気に仕事をさせるためには、「乾き蒸気」といって、水分（ドレン）の少ない品質が求められます。このため、発生したドレンは速やかに排出することが必要です。ドレンの排出には調整弁の1つである"スチームトラップ"を用います。

　スチームトラップには、ドレンを排出する手段としてさまざまな原理・

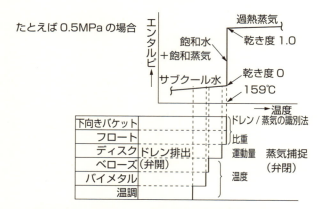

図7-6-2　「スチームトラップの種類」と排出流体
（出典：「トラブルから学ぶ配管技術」図8-36）

構成が考案されて製作されています。密度差、運動エネルギー量、温度などそれぞれのスチームトラップには長所短所があるので、仕様や容量などを事前に確認して設けましょう。相性が悪いとウォータハンマの発生や乾き度不足、ベーパーロックなどのトラブルを生じます。

7-6-4 Y形ストレーナは横向きに設置するとドレンの残存が少ない

蒸気ラインでも自動弁や機器の保護のため、ストレーナが多く利用されています。一般にもっとも安価なY形が多く利用されています。通常水平配管では、Y形ストレーナは、ゴミの排出やスクリーンの清掃などを考慮してカバーを下向きに設置します。しかし、蒸気ラインでは発生したドレンがここに大量に溜まり、ドレンしきれないことも少なくありません。このため、カバー側をあえて横向きやや上向きに配管してドレン溜まりを少なく抑える方法を取っている施工例も見られます。

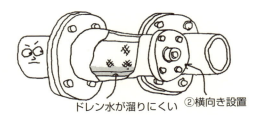

図7-6-3　Y形ストレーナを横向きに設置した例

第7章

7-7 自動弁

7-7-1 他力式遠隔操作弁の空気圧駆動と電動との使い分け

Point
- インフラ（操作源）の有無
- 作動音（空気排出音）
- 操作頻度
- 外部雰囲気温度
- 停止位置精度（調節弁）

　自動（制御）弁の種類区分に"遠隔操作弁"があります。通常「空気圧操作弁」とか「電動弁」とか呼ばれる、一般にon-off二位置制御用の他力式自動弁です。

　一般に操作源として空気圧と電気とがあり、使い分けています。通常この使い分けは、インフラ（操作源）の有無で方法が決まります。すなわち、プラントや工場、装置などはインフラとして既に空気圧源が整っていますから、そのまま空気圧式を選定するのがよいと思います。同時に電気源も整っていますから、電動式（または電磁式）を選定することも可能です。ビル設備などは、通常インフラに空気圧源はありませんから一般には電動式を選定します。電動式は、空気の排気音もなく静かなところがビル設備に採用されている理由でもあります。

　両方式で圧倒的に異なる仕様は、"開閉操作時間"です。電磁弁を除き電動に比べて空気圧式は圧倒的に開閉操作（時間）が速いです。ただし、空気圧式も電動式も開閉操作時間を遅く調整することはそれなりの方法を使えば可能です。詳しくは次項で述べます。操作時間を早めることは不可能ではありませんが相当難しいです。

　この他の仕様では、「操作頻度」、「外部雰囲気温度」、「防滴性」などでは空気圧式の方が電動式よりかなり優れています。すなわち"打たれ

強い"面が多くあるのです。一般には空気圧式の方が電動式より自動弁の価格も安価なので、バルブの数を使うところはこちらが有利です。

また、電動式では操作機を連続的に動作させるとモータの発熱による温度上昇の問題があり、操作頻度が高い場合は発熱のない空気圧式が有利です。

調節弁の中間開度（絞り）位置制御精度では、空気圧式に比べ電動式が優れているので、精密な制御が要求される場合は、電動式を用います。

7-7-2 他力式遠隔操作弁の開閉操作時間

Point ●遠隔操作弁（on-off弁）の開閉操作時間：空気圧速い・電動遅い

電磁弁は50 A以下の小口径に限られますが、きわめて開閉操作のスピードが速く一般に"コンマ何秒"といわれる0.5秒以内です。このため、4.2.5項「ウォータハンマによるバルブの破損」の事例で説明した問題を生ずることがあります。この場合は、電動ボール弁や空気圧操作のボール弁に換えると開閉操作時間を遅くすることができ、バルブ急速閉止によるウォータハンマを抑制することができます。

電動式のボール弁やバタフライ弁の開閉操作時間は、サイズによって大きく異なりますが、おおむね50 A以下の小口径で数秒から10秒程度、65～200 Aの中・大口径で15～30秒程度で、比較的遅いです。空気圧式ボール弁やバタフライ弁の開閉操作時間も、サイズによって大きく異なりますが、おおむね50A以下の小口径で0.5秒から1秒程度、65～200 Aの中・大口径でも数秒程度と比較的速いです。どちらの方式でも"インチング"操作（制御盤）や"スピードコントローラ"空気圧付属機器付加で開閉操作時間を遅くすることは可能です。メーカに相談されるとよいでしょう。

第7章

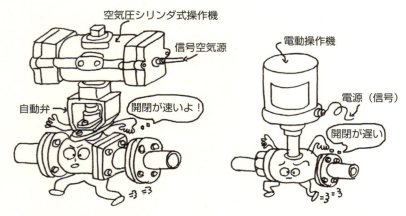

（a）空気圧操作機付自動弁　　（b）電動操作機付自動弁

空気圧ボール弁（速いよ）と電動ボール弁（僕はゆっくり閉まるんだ！）

7-7-3 結露対策をしっかりと、スペースヒータを常時通電

Point
- 水に打たれ弱い電動式
- 電動操作機は呼吸する、屋外では内部結露に注意
- スペースヒータは常時通電

　一般に空気圧式操作機より電動式操作機の方が"水"の浸入に対して弱いです。これは電動操作機内部に電装部品（電気基盤やスイッチ類など）を多く有していることによります。

　屋外での利用では、水の浸入（防滴性の確保）と並んで"結露"問題を考慮しておく必要があります。❺-❷節「電動操作機内の結露」事例でも紹介したとおりスペースヒータを常時通電して操作機内部が結露しないように注意してください。防滴仕様の操作機でも寒暖の差で"呼吸"して内部で結露することがあるからです（スペースヒータの回路図は、P134の図5-2-1参照）。

218

電動操作機は「屋外では呼吸しているよ」
だから対策が必要だね

7-7-4 風雨対策をしっかりと

Point ●風雨対策、雨よけ・日よけ・風よけで長持ち

　屋外で自動弁を利用する場合は、当然のことながら適切な防滴仕様のものを選定します。JIS規格では、機器の防滴・防塵仕様を規定しているので、IP55（数字の大きい方がグレードが高い）以上の仕様の操作機を選びましょう。

　長期の使用においては、防滴・防塵仕様（シール）も劣化することがありますから、定期的な保守保全を行ってください。なお、操作機への簡単な日よけ、雨よけなどの設置は長期の利用では耐用年数を延長するなど有効であることが多くあります。空気圧式も基本電動式と同様ですが、防滴や結露への耐性はやや高い（打たれ強い）ようです。

表7-7-1　JIS規格　防塵、防滴仕様の基準名称

第1数字記号 \ 第2数字記号	0 無保護形	1 防滴形1	2 防滴形2	3 防雨形	4 防沫形	5 防噴流形	6 防波浪形	7 防浸形	8 水中形
0（無保護形）									
1（半保護形）			IP12						
2（保護形）		IP21	IP22	IP23					
3（閉鎖形）									
4（全閉形）					IP44				
5（防塵形）					IP54	IP55	IP56		
6（耐塵形）								IP67	IP68

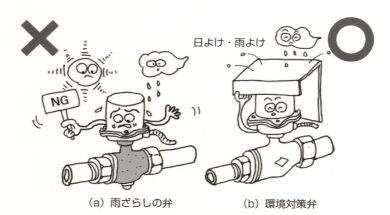

(a) 雨ざらしの弁　　　(b) 環境対策弁

自動弁は"日よけ・雨よけ"を設けると長持ちするよ！

7-7-5　異電源接続に注意

> Point ●仕様書と現品の双方で電源仕様を確認する

電磁弁や電動バルブでは、操作用電源や制御用電源が指定されます。ユーザの指示に従った電源で実機が納入されますが、まれに誤って指定

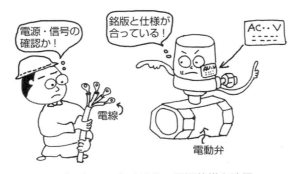

配線現場では必ず現品の電源仕様を確認

電源と異なるものが現場納入されることもあります。かならず納入現品の銘版で電源仕様も確認した後、電源投入や試運転を行ってください。異電源投入で操作機やモータが焼損することもあります。

7-7-6 on-off電動バルブの複数台並列運転

Point
- 1つのスイッチまたはリレーに複数の電動バルブを接続しない
- 個々に独立リレーを設ける、またはリレー内蔵型の電動弁を用いる

建築設備用電動弁（FCUの冷温水制御）の利用でよくあるのですが、1つのスイッチ、またはリレーを用いて複数の電動バルブ（FCU用）を接続し、多台並列運転を行おうとする場合があります。

❺-❸節「電動バルブ複数台の同時制御」事例で説明しましたが、1つのスイッチ、またはリレーに2台の電動バルブを並列接続すると操作機内で"回込み回路"が形成されて作動トラブルを生じます。かならず個々に独立リレーを設けてそのリレー群に並列運転信号を入れてください。小型の電動弁では、バルブによって操作機内にリレーを別に内蔵していて「並列運転が可能」な仕様としている製品が製作されています（回込み回路については、P135の図5-3-1を参照）。

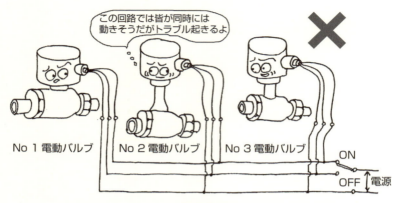

1つのスイッチ（リレー）に複数の電動バルブを接続してはダメ

7-7-7 調節弁の連続信号入力での注意点

Point
- 特に電動式は頻繁な信号変化には追随できない
- PID制御をうまく使って変化を緩和する

　7.7.2項「他力式遠隔操作弁の開閉操作時間」で電動式遠隔操作弁の開閉操作時間が遅いことを説明しました。

　❺-❼節「連続信号の変化に追随しない調節弁」でトラブル事例を紹介しましたが、調節弁への連続（制御）信号入力変動をあまり速くしますと開閉操作時間が遅いため、指示された信号の変化に"ついていけない"ことが発生します。開閉操作時間が比較的早い空気圧式であれば、信号に追従して作動することもありますが、開閉操作時間が遅い電動式ではあまりにも速く変化する信号には追従できないのです。この場合は、調節計のPID制御機能をうまく使って急激な変化を緩和し、ゆっくりとした信号入力に変えてください。事例で紹介した風量調節用ダンパへの急激に変化する信号を、そのまま電動式操作機に入力したのではまったくバルブの制御ができません。

トラブルを未然に防ぐためのポイントアドバイス

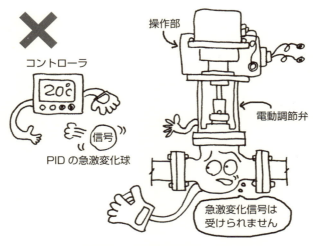

急激な変化を伴う連続電気信号の入力はダメ

7-7-8 フェールセーフを心がける

Point ●自動バルブでは操作源喪失時の安全側開閉位置に復帰させる

　遠隔操作弁や調節弁では、操作源喪失時の安全側開閉位置があらかじめ決まります。もちろん使い方によっては、特にこのことを考慮する必要がない場合が多いのですが。

　この操作源喪失時の安全側開閉位置を持つことを"フェールセーフ"と呼んでいます。バルブが全閉位置になることだけがフェールセーフではなく、用途によって全開がフェールセーフになることがあるのです。"操作源喪失時"ですので、空気源や電源を喪失していますから、一般にバルブの開閉位置復帰動作はメカニカル的な機能を利用します。

　空気圧式では、一般に「スプリングリターン形（単動）」と呼び空気圧複動シリンダの片側にフェールセーフ位置への復帰用にコイルスプリングを用います。すなわち、空気圧作動時にコイルばねを圧縮（作動

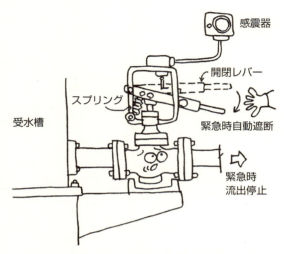

「フェールセーフ」は、動力源喪失時に安全な
ポジションに復帰するんだ

エネルギーを蓄積)しておき、空気源や電源を喪失したときにスプリング動作にて復帰させます。フェールセーフ動作を希望する場合は、事前に操作機の選定が必要です。なお、大型の操作機では圧縮空気ボンベを別に持っていて緊急時にこのボンベから空気源を受けて作動するものもあります。

また、電動式の場合は、同様のスプリングリターン形も存在しますが、一般には"非常用電源（バッテリやキャパシタなど）"を別に設けておくことが多く行われています。「緊急時遮断弁」などとも呼ばれています。

7-7-9 空気圧操作機への水の浸入を防ぐ

Point
- スプリング側の呼吸穴の浸水対策
- スプリングリターン式の呼吸穴にチューブを設ける

複動形の空気圧式操作機（シリンダ）の空気圧供給口には通常空気圧の配管がなされますから、ここから水が浸入することはありません。しかし、前項で説明したスプリングリターン形（単動）空気圧操作機の場合には、片方のシリンダにはスプリングが装着されており空気圧を接続するポートは空いたままになっています。操作機が作動するとスプリング側のシリンダは呼吸するため、この穴から雨水などが浸入してトラブルとなることがあります。

対策としては、このポートを下向きにするか、もしくはエルボやナイロンチューブで下向きに配管しておくと水の浸入がなく適切です（図7-7-1参照）。

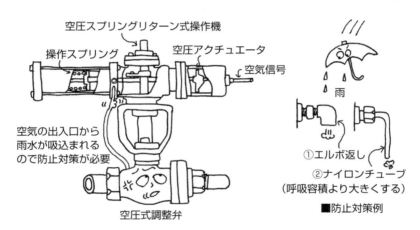

図7-7-1　呼吸穴はエルボやナイロンチューブで下向きに配管して水の浸入を防ぐ

7-7-10 調節弁の過小開度での利用を避ける

Point
- 調節弁では、大は小を兼ねない
- バルブ過小開度での制御にならないように適正サイジングする

❺-❽節「キャビテーション発生とダメージ」事例でも説明しましたが、

絞りを専門とする調節弁の利用に当たっては、"サイジング"と呼ばれる「適正な流量制御が可能なサイズを選ぶ」ことがきわめて重要です。この選定では、一般に「安全サイドを見過ぎて」つい過大なサイズの調節弁を選定してしまうことがあります。調節弁では、理想的にはバルブ開度で30から80％の範囲で必要な流量制御を行うことが望ましいとされています。すなわち、「調節弁では、大は小を兼ねない（ゾウの耳かきでは人間の耳は掘れない）」のです。過大なサイジングの結果、20％以下の微小開度では制御が不安定（微小開度では入力信号に対する流量制御の分解能が低下）になったり、キャビテーションが発生したりするなど、トラブルを生ずることがあります。このため、調節弁に大きな差圧をかけないことが大切です。この現象が発生している場合は、同一ラインの別の場所の止め弁を調節して、調節弁への差圧を下げることなどが有効とされています。

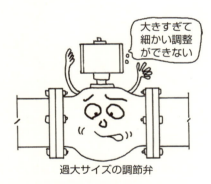

過大サイズの調節弁

調節弁では「大は小を兼ねず」

7-7-11 調節弁・調整弁・安全弁はゴミに弱い

- 絞りと閉止を繰り返す自動弁はゴミ噛みに特に弱いので対策を
- フラッシング実施と適正な網目のストレーナの設置

調節弁、調整弁、安全弁、スチームトラップなどの自動弁は、絞りや閉止を繰り返す機構となっていることが一般的で、止め弁や逆止め弁に比べてゴミ噛みに特に弱くなっています。このため、可能な限りゴミが流れないようにします。自動弁では原則上流側に適正なメッシュのストレーナを設置します。メッシュの目安は、自動弁メーカ推奨例：#60、国交省　標準仕様書指定：#80です。

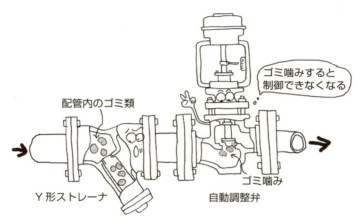

自動弁はゴミに弱いの！必ずストレーナを設けてね

7-7-12 自動弁の手動操作時の注意

Point
- 手動時は、電源・信号は必ず切断する
- 手動操作用の工具類は外して自動運転開始

　調節弁やスプリングリターン式のアクチュエータを除いて一般に他力式自動弁には、「手動操作機能」が設けられています。駆動源を失った場合や配管施工直後の試運転時など手動でもバルブが開閉操作できるようにした便利な仕様です。

　通常の運転では当然自動操作を行うのですが、手動操作を行う際は必

ず電源や空気源を切断してから行いましょう。停電復帰や誤って電源を投入するなど不慮の作動や感電などのトラブルとなることがあります。

また、自動運転復帰時には、手動操作のために取り付けたハンドルや工具などは、安全のため必ず取り外しましょう。

配線や手動操作時は必ず電源を切ってから

復帰作動時は専用ハンドルや工具は外してね！

7-7-13 電動弁は温度上昇に注意

Point
- 電動弁は連続で通電開閉はできない
- 一定のモータ停止時間を設ける

　空気圧式と電動式の駆動機（アクチュエータ）で決定的な違いは、"連続運転が可能"かどうかということです。すなわち、空気圧式は連続で運転（開閉を休みなしに繰り返す）しても、原則温度の上昇はほとんどなくトラブルはありません。しかし、電動式はモータに連続的に通電する状態で運転を行うと、モータの温度が次第に上昇・蓄積し、ついに電気絶縁温度に至るとトラブルになります。

　通常、この絶縁温度を超えないようにサーモスタットなどの安全停止スイッチが設けられているためモータの焼損は発生しませんが、この間冷えるまで駆動機が停止（トラブル発生）してしまいます。

　on-off制御では、このような連続開閉操作を行うことはきわめてまれですのでトラブルは発生しにくいのですが、調節弁では開度を頻繁に調節するため、連続的にモータに通電する操作も行われる可能性があります。事前に駆動機の仕様をよく確認して選定しましょう。駆動機の温度上昇は特に外気温とも関連していて、国外の熱帯地方などでの屋外利用では特別精査する必要があります。

　対策としては、モータを連続仕様（冷蔵庫、換気扇など連続で運転するモータ仕様）にするか絶縁温度レベルを上げるなどがあります。また、

第7章

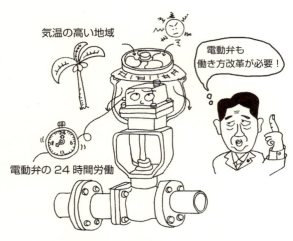

私は連続では働けませんよ！休ませて！

調節弁では7.7.7項「調節弁の連続信号入力での注意点」で説明したように、信号のかけ方を連続にならないように変更することも有効です。

なお、どの程度モータの休止時間を設ければよいかについては、厳密にはその計算式などが各メーカで開示されていますが、おおむねモータ作動（通電）の時間に対して休止（非通電）時間を50％以上確保すれば国内では経験的に問題ないと思われます。

7-7-14 落雷対策をしっかりと

Point
- 電線を伝播するサージを避ける
- 避雷器を設置する

バルブの電動操作機に限らず、電気機器のトラブルには、"落雷"によるものが多くあります。もちろん、機器の直近に落雷したのではどんなものでもひとたまりもありませんが、遠方から電線を伝わってくる"サージ（異常電圧）"に起因するトラブルも多くあります。

電動弁は屋外・屋内設置にかかわらず避雷対策をしておくべきです。

個別に「避雷器（正式名称はJISにより、サージ防護デバイス〈SPD：Surge Protective Device〉に統一）」を設けましょう。

7-7-15　ノイズ対策をしっかりと

Point
- 信号系電線のノイズ対策をする
- ノイズ対策には伝搬経路でシールド、またはフィルタを用いる

7.7.14項で落雷によるサージ異常電圧を紹介しましたが、落雷以外でもサージが伝播する場合があります。電波などを受けて誤信号を発生するものを"ノイズ"といいます。

電動弁や調節弁の信号系統では、計装用アナログ信号4-20 mA DCや各種のデジタル信号を用いるので、ノイズに起因した誤動作や信号系回路の破壊などのトラブルを生ずることがあります。シールド電線の採用や適切なノイズフィルタ機器の設置により防止することができます。

7-7-16　シリコンは電気接点の大敵（通電不良）

Point
- シリコンガスの雰囲気に注意
- 電線のコーキング剤にシリコン含有を使わない

7.7.3項「結露対策をしっかり」で電動操作機は、"呼吸"していることを述べました。

操作機本体は一般に防滴構造で密封されているため、この呼吸はもっぱら電線接続口、または電線そのものを介することが実は多いのです。呼吸する空気が通常の状態であれば問題ないのですが、シリコンを含んだ空気の場合、電気接点に悪さをすることがあります。

シリコンは、建築材のコーキングや化粧品スプレーなどいたるところの空気中に使われているため、バルブ操作機が呼吸して、たまたまシリ

コンガスを吸い込んでしまうことがあります。

　電気接点（マイクロスイッチ）では、頻繁にスパークを生じているため、このシリコンが接点上で酸化して二酸化ケイ素という電気不導体の"絶縁物"が生成され、スイッチ接点通電不良というトラブルを起こすためです。バルブの作動トラブルや開閉表示トラブルとなります。

　このトラブルは、屋内で利用する建築設備配管の電動弁でもよく起こる現象です。建築物では、内装などにもシリコンが多用される傾向があります。加えて空調用途の専用電動弁は、「屋内専用」の非防滴構造（内部に通気性がある）であることもあり、よりシリコンガス雰囲気の影響を受けやすいことが推定されます。

　電気での隠れた意外な難敵、"シリコン"には十分注意しましょう。

7-8　その他のコツ

7-8-1　誤操作防止の対策

Point ● 2アクション操作、ハンドルロック、施錠付、いろいろなオプションが販売されている

　バルブの手動操作には、人為的な"誤操作"がつきまといます。"勘違い"は仕方ないとして、単純にレバーハンドルに作業衣の袖を引っかけての誤操作防止には2段アクション式のボール弁も販売されています。
　完全に（他人による）誤操作を防止するには、"施錠"が一番早道です。専用のキーロックを仕様に取り込んだ工業用ボール弁などが販売されています。簡易的な施錠方法は、チェーンと施錠によるハンドルロックが一番手っ取り早いです。

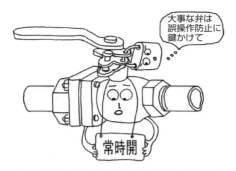

重要な制御バルブには、施錠をしましょう

7-8-2 流れが悪くなったらストレーナをまず疑う

Point
- ストレーナがゴミ詰まりしていることがよくある（掃除していない）
- 前後の差圧が0.1 MPaを超えたらゴミ詰まり疑いなし

　運転中に次第に流れが悪くなってきたというトラブルが発生したら、まずストレーナのゴミ詰まりを疑ってみましょう。ストレーナはいわゆる"くずかご"ですから溜まったゴミは排出（清掃）してきれいにしておくことが必須です。意外と普段掃除されていないことが多くあるため、ストレーナがゴミ詰まりしていて、トラブルになっていることが多いのです。

　ストレーナはゴミがある程度溜まることをおり込んでいるため、ゴミを捕捉するスクリーンの実効面積は配管面積の2〜4倍に設計されていますが、水系の場合ストレーナ前後の差圧が0.1 MPaを超えたら相当のゴミ詰まりと考えてよいでしょう。

　この数値（差圧）は、経験的に「ゴミ掃除の目安」と考え前後に圧力計を設置して点検することをお奨めします。

やっぱり犯人はお前か！

7-8-3 フランジ形バルブの交換で面間が合わない

- フランジ形バルブ交換で、新しいバルブの面間が合わない
- ウェハー形バタフライ弁と短管ではいかがでしょう
- なるべく規格型のバルブを選定する

　既存の配管設備でバルブだけ交換したいということが多くあると思います。フランジ形では比較的容易にバルブだけの交換が可能です。しかし、「面間寸法」が合致しないとバルブがうまく収まってくれません。JISなどの規格では、この面間寸法を標準化してユーザの利便性を図っているので、最初の設置からなるべく規格型のバルブを選定することが後のメンテナンスで重要です。

　もし、面間寸法が合わないケースでは、フランジ形仕切弁の代わりに「ウェハー形バタフライ弁＋短管」で調整する方法もあります。ただし、バルブの使用条件が合致していなければなりませんが。

　なお、ねじ込み形では管のバルブへの出入り寸法は、ねじの加工程度（細ねじ・太ねじなど）や、締め付けトルクなどの要素で変わるため、

あまり面間寸法については、フランジ形ほど気にしなくてよいと思われます。

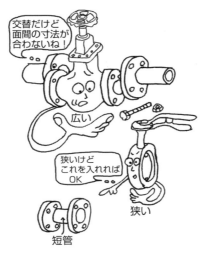

面間が合わないから置き換え取り付けできないぞ！　こんな方法はどう！

参考文献

① 「絵ときバルブの基礎のきそ」小岩井隆、日刊工業新聞社（2014年）
② 「新版 バルブ便覧」（一社）日本バルブ工業会編纂、日本工業出版（2010年）
③ 「新・初歩と実用のバルブ講座」新バルブ講座編集委員会編、日本工業出版（2012年）
④ 「工業プロセス用調節弁」（株）山武 調節弁ハンドブック編纂委員会編、日本工業出版（2012年）
⑤ 「絵とき配管技術の基礎のきそ」西野悠司、日刊工業新聞社（2012年）
⑥ 「トコトンやさしい 配管の本」西野悠司、日刊工業新聞社（2013年）
⑦ 「トコトンやさしい 水道の本」髙堂彰二、日刊工業新聞社（2011年）
⑧ 「建築設備 配管工事読本」安藤紀雄（監修・著）・小岩井隆・瀬谷昌男・堀尾佐喜夫・水上邦夫 著、日本工業出版（2017年）
⑨ 「プラント用バルブのユーザーガイド〈JV規格JV-3〉」（一社）日本バルブ工業会
⑩ 「建築設備用バルブのユーザーガイド〈参考資料〉」（一社）日本バルブ工業会
⑪ 「トコトンやさしいバルブの本」小岩井隆、日刊工業新聞社（2017年）

索引

英

A呼称・B呼称 …………… 48
JIS規格 ………………… 40
JISマーク（証票）………… 58
JVMA（日本バルブ工業会）
　……………………………… 41
JV規格 …………………… 41
on-off制御 ……………… 22
Oリングシール …………… 89
PL法 …………………… 153
P-Tレイティング …… 32, 44
SHASE規格 ……………… 40
SIL ……………………… 157
SIL認証 ………………… 157
Y形ストレーナ ………… 129

あ

赤水 ……………………… 96
アキュムレータ ………… 198
アクチュエータ ………… 229
圧縮空気圧ライン ……… 101
圧力-温度基準 …………… 34
圧力逃がし穴 …………… 203
圧力容器 ………………… 66
安全度水準 ……………… 157
安全弁 …………………… 203
安定化熱処理 …………… 212
異種金属接触腐食
　……………… 54, 71, 82, 92
異常昇圧 ………………… 202
異常昇圧対策仕様 ……… 126
異常振動 ………………… 110
異常騒音 ………………… 110
一般弁 …………………… 39

鋳物不良 ………………… 149
インチング操作 ………… 217
ウェハー形 ……………… 19
ウェハー形バタフライ弁 … 76
ウォータハンマ …… 18, 114
薄肉ステンレス鋼管 …… 55
エルボ継手 ……………… 106
エロージョン …………… 143
遠隔操作弁 …… 13, 21, 216
黄銅 ……………………… 73
応力緩和 ………………… 204
応力除去熱処理 ………… 212
応力腐食割れ …………… 75
屋外仕様 ………………… 132
温泉水 …………………… 102
温度 ……………………… 8

か

開栓器 …………………… 162
開閉スイッチ …………… 139
開閉操作時間 …………… 216
開閉操作力 ……………… 194
かじり付きトラブル …… 121
ガスケット ……………… 45
片締め …………………… 186
カラーリング識別 ……… 184
ガルバニックコロージョン
　……………………………… 82
乾き蒸気 ………………… 214
完全封止 ………………… 166
管端つば出し加工 ……… 187
管端防食コア内蔵
　青銅バルブ ……………… 87
管と管継手の選定 ……… 34
管や管継手の呼び ……… 48
管用テーパねじ接続 …… 179

規格 ……………………… 25
期待耐用年数 …………… 146
逆圧 ……………………… 164
逆圧式逆流防止装置 …… 21
逆止め弁 …………… 14, 20
逆止め弁のシート漏れ … 110
ギヤ操作 ………………… 197
ギヤ操作機 ………… 29, 169
キャビティ ……………… 202
キャビテーション … 143, 169
球状黒鉛鋳鉄 …………… 76
給水用樹脂ライニング鋼管
　……………………………… 55
給湯設備配管 …………… 46
給湯用樹脂ライニング鋼管
　……………………………… 55
強度低下 ………………… 25
局部腐食 ………………… 70
均一腐食 ………………… 70
緊急時遮断弁 …………… 224
金属の標準電位 ………… 84
禁油仕様 ………………… 161
空気調和・衛生工学会 … 40
空洞現象 ………………… 169
偶発故障 ………………… 149
クォーターターン形 …… 19
クロスコネクション …… 191
黒水 …………………… 90, 98
計測器（センサ）………… 8
経年劣化 ………………… 149
結露水の付着 …………… 133
結露防止 ………………… 201
減圧式逆流防止器 ……… 166
建築設備用電動弁 ……… 221
孔食 ……………………… 71
鉱物油系流体 …………… 101
黒鉛の遊離 ……………… 98

故障確率・予知 ……… 157
国土交通省公共建築物
　標準仕様書 ……… 42
ゴミ噛み
　……… 20, 114, 149, 199
ゴム材料 ……… 60, 89
ゴムシート中心形バタフライ弁
　……… 186
固溶化熱処理 ……… 212
コロージョン（腐食） ……… 70
コンポーネント ……… 35

さ

サージ（異常電圧） ……… 230
サービスバルブ ……… 177
サーマルプロテクタ ……… 137
サーモスタット ……… 229
最高使用圧力 ……… 11
サイジング ……… 144
最大使用圧力 ……… 173
最低流量 ……… 164
錆び ……… 70
残留塩素が多い水 ……… 99
シート部の流過面積 ……… 50
シート漏れ ……… 112
シール封止のための
　最低逆圧 ……… 165
シェル ……… 24
仕切弁 ……… 17, 19
地獄配管 ……… 172
事後保全 ……… 147
姿勢合わせ ……… 181
自動（制御）弁 ……… 13, 21
樹脂ライニング ……… 87
手動止め弁 ……… 154
蒸気 ……… 51
衝撃緩衝器 ……… 198
自力式 ……… 21
靭性値 ……… 25
芯出し ……… 186
浸透性の高いガス ……… 52

水栓類 ……… 150
すきま腐食 ……… 71
スタンダードボア ……… 49
スチームトラップ ……… 214
スチームハンマ ……… 18
スチームハンマ発生防止
　……… 213
スティック＆スリップ ……… 140
捨てバルブ ……… 34
ステンレス鋼管 ……… 54
ストレーナ ……… 22, 61, 200
ストレーナの選定 ……… 23
スペース設計 ……… 190
スペースヒータ ……… 218
スペースヒータ付仕様 ……… 134
青銅 ……… 72
正流と逆流 ……… 17
セコンダリーレイティング ……… 12
絶縁フランジ ……… 175
設計寸法 ……… 25
設計耐用年数 ……… 151
センターハンドル式 ……… 171
全面座 ……… 186
全面腐食 ……… 70

た

太鼓落ち ……… 119
耐用寿命・耐用年数 ……… 146
ダクタイル鋳鉄 ……… 54
ダクタイル鉄鋳造品 ……… 77
脱亜鉛対策黄銅棒 ……… 74
玉形弁 ……… 18
他力式 ……… 21
他力式自動弁 ……… 227
炭素鋼 ……… 78
ダンパ風量制御用の
　制御信号 ……… 142
遅速装置 ……… 29
チャタリング ……… 17, 109
中間開度 ……… 176
鋳鉄 ……… 54

調整弁 ……… 13, 21
調節計のPID制御システム
　……… 142
調節弁 ……… 13
鉄鋼5元素 ……… 78
手直し・手戻り ……… 38
電気工事作業 ……… 192
電気絶縁温度 ……… 229
電気絶縁処理 ……… 93
電磁弁 ……… 217
電動ボール弁 ……… 132
銅管 ……… 54
凍結防止対策 ……… 202
銅材料 ……… 207
同着漏れ ……… 182
導電性流体配管 ……… 175
止め弁 ……… 14, 17
共連れ交換 ……… 146, 158
トリプルアタック ……… 154
取り回しスペース ……… 36
トリム ……… 66
ドレンバルブ ……… 177

な

流れの乱れ ……… 104
流れ方向 ……… 189
二位置制御 ……… 22
ねじ込み配管 ……… 184
ねずみ鋳鉄 ……… 76
燃料油 ……… 53
燃料ガス
　（LPガス、都市ガス）……… 53
ノイズ ……… 231
残りねじの山数管理 ……… 180
ノジュラー鋳鉄 ……… 76

は

パートターン形 ……… 19, 29
配管応力 ……… 149
配管誤接続 ……… 191

配管材料	9
配管姿勢制限	36
配管設計	32
配管突き	180
配管取付け姿勢	188
排出（ドレン）	49
倍力装置	29
鋼の種類	79
波及経済損失	153
挟み込み現象	120
バスタブ曲線	147
ばたつき（振動）	118
バタフライ弁	19
パッキン	45, 204
バックフロープリベンタ	21, 166
花咲き現象	208
バルブ形式	15
バルブ故障	156
バルブシート許容圧力	205
バルブ止め圧力検査	205
バルブ止め検査	205
バルブの大きさ	48
バルブの関連認証（制度）	58
バルブの関連法規例	57
バルブの規格	26
バルブの材料	24
バルブの種類	13
バルブの選定	15
バルブの選定工程	37
バルブの選定要素	32
バルブの操作	28
バルブの流れ方向指定	36
バルブの保証期間	153
バルブの本体	24
バルブの本体材料	68
バルブユーザガイド	41
ハンドル	29, 169
ハンドル多回転形	28
ハンドル廻し	195
ハンマーブローハンドル	171
ハンマアレスタ	198
汎用弁	39, 160
汎用流体	10, 11
引張強さ	25
非導電性の酸化物	139
標準化の水準	27
ヒンジピン	69
フェールセーフ	223
不均一腐食	70
腐食代	209
付着	101
プライマリーレイティング	12
フラッシング	199
フラッタリング	109
フルボア	49
フルポートの穴	49
分析	8
粉体搬送	11
平面座	186
ペーパーロック	215
弁座	66
弁体の動き	15
弁体のシート	69
弁体の挟み込み	213
弁箱	24
弁箱材料	39
弁箱とふた	66
弁箱のシート	69
弁棒	66
法規	25
防護保護具	178
膨潤	100, 208
防錆処理	78
防滴・防塵仕様	219
ボール弁	19
ボール弁の口径	50
保温施工	202
ポジションシート	116

マージン（余裕）	173
埋設配管	162
増し締め	204
マリアブル鋳鉄	77
マルチターン形	19, 29
回り込み電気回路	135
万力	180
水	11
迷走電流	162
銘版	192
メータアウト・メータイン	140
メッシュ	62, 63
面間寸法	235
メンテナンス空間の確保	36
モータの負荷時間率	138
元弁	165

ゆっくり操作	196
用途表示識別	191
要部材料	69
呼び圧力	11
予防保全	147
落雷	230
ラッギング	174
乱流	167
粒界腐食	71
流体	10
流体搬送	11
流量	8, 168
冷温水流量制御	142
レジュースドボア	49
劣化故障	149
レバー	169
レベル制御	8
連続制御バルブ	22
ロータリ形	19
ロングネック	174, 201

◎著者略歴◎

小岩井　隆（こいわい　たかし）

1975年　武蔵工業大学　機械工学科　卒業
同年から、東洋バルヴ株式会社にてバルブの設計・開発・マーケッティング部門を歴任。現在、株式会社キッツ 技術本部に勤務。同社技術研修センター専任講師。
(一社)日本バルブ工業会にて「バルブ技報」の編集委員会活動や「新版バルブ便覧」の編纂に参画。バルブ技報や配管・バルブ関連の書籍・技術雑誌に執筆多数。配管・バルブの技術セミナー講師担当多数。
2017年度日本バルブ工業会JV賞受賞
NPO給排水設備研究会会員（会報・記念誌の出版委員会委員歴任）。

●主な著書
「絵とき『バルブ』の基礎のきそ」日刊工業新聞社
「トコトンやさしいバルブの本」日刊工業新聞社
「新版　バルブ便覧」共著、日本工業出版
「新・初歩と実用のバルブ講座」共著、日本工業出版
「建築設備 配管工事読本」共著、日本工業出版
「ねじ配管施工マニュアル」編集査読・共著、日本工業出版

バルブの選定とトラブル対策
―現場で起きた故障事例と対処法―　　　　　　NDC534

2018年4月30日　初版1刷発行
　　　　　　　　　　　　　　　　　　　　　（定価はカバーに表示してあります）
Ⓒ　著　者　　小岩井　隆
　　発行者　　井水　治博
　　発行所　　日刊工業新聞社
　　　　　　　〒103-8548　東京都中央区日本橋小網町14-1
　　電　話　　書籍編集部　03（5644）7490
　　　　　　　販売・管理部　03（5644）7410
　　FAX　　　03（5644）7400
　　振替口座　00190-2-186076
　　URL　　　http://pub.nikkan.co.jp/
　　e-mail　　info@media.nikkan.co.jp
　　企画・編集　エム編集事務所
　　印刷・製本　新日本印刷（株）

落丁・乱丁本はお取り替えいたします。
2018 Printed in Japan
ISBN 978-4-526-07846-0　C3043

本書の無断複写は、著作権法上の例外を除き、禁じられています。